兵頭二十八

こんなに弱い中国人民解放軍

講談社＋α新書

プロローグ

「自由」を奪われる最短コース

本書はこれから以下の四点を読者にお知らせする。

①中国人民解放軍＝中共軍（正確な定義は後述）は弱い。自衛隊に「自衛」の名分《めいぶん》が伴っている限り、中共軍は自衛隊には勝てない。

②このシンプルな事実を知らないし、また敢《あ》えて勉強しようとも思わない、「軍事読解力」に欠けた外務官僚や言論人が日本の国防国策を左右しているため、中共はそうした「無知・ヘタレ」勢力に対する宣伝恐喝籠絡《きょうかつろうらく》工作を全力で展開することで、戦闘では勝てない自衛隊に「自衛戦闘」をさせずに日本の主権を蚕食《さんしょく》するつもりだ。こういう動きを「間接侵略」と呼ぶ。

③外務官僚や多くの評論家がいくら「譲歩主義・降伏主義・売国ＯＫ」でも、一般国民が本書のような啓蒙《けいもう》書籍によって真実を知れば、日本の内政と外政は正常化し、間接侵略は防《ぼう》

遏《あっ》される、すなわち抑止することが可能である。

④中共はだんだん戦前の大日本帝国陸海軍とそっくりになってきており、日本の一般国民が覚醒するよりも早く、中共軍が自暴自棄な「直接侵略」を開始し、「現代の東条英機《とうじょうひでき》」たる習近平《しゅうきんぺい》がそれを止められずに、日本の自衛隊の「自衛戦闘」によってあっけなく政体が滅びる可能性が増してきた。

本書はこのうち、①と④について集中的に解説し、②と③の話はごく簡単に済ませたい（別な著述でさんざん触れてきたので）。

はじめに用語解説が必要だろう。「中共」というのは「中国共産党」の略号であるだけでなく、国家としての中華人民共和国の略号にもなる。なぜなら現代のシナでは、共産党というただ一つの党が堂々と国家全体を支配しているからだ。かの国の「人民解放軍」も、国家の軍隊＝国防軍ではない。戦前のナチスの武装親衛隊と同じく「党が所有する私兵」。なので、文字通りシナ軍のことは「中共軍」とも呼べるのである。この構造により、シナ政体は、全体が巨大な人権抑圧装置と化している。

ついでだから、「間接侵略」についても、ここでさっそく一端を勉強してしまおう。

中華人民共和国や戦前の蔣介石《しょうかいせき》時代の話を書くときに執筆者が「シナ」と書くのは不都合ではないかという人たちがいるが、逆である。

私たちが「ベトナム」を「越南」とは書かず、モンゴルのことも「蒙古」とは書かぬことと同じで、漢字にしないほうが「価値中立」を実現しやすくて、より現代向きの優れた表記であるのだ。

漢字圏では、どのような「字」を選ぶかによって、たちまち「価値の上下の序列」ができてしまう。中共のことを「中国」と書くようなアジア人は、最初から中共の間接侵略に負けているようなものなのだ。

じつは、わが国で「支那《シナ》ではなく中国と表記しよう」という音頭《おんど》を戦前からとっているのが、外務省だ。このような外務省ある限り、自衛隊がどんなに精強で、中共軍がどれほど見かけ倒しで弱くても、日本の主権は侵蝕されてしまうだろう。

シナ人恐怖症のヘタレ外務省が意図的にサボタージュしているから「領域警備法」のような法令をわが国政府はいまだに整備できず、シナの漁船や公船によって離島主権を犯され放題というふざけた事態が常続しているのだ。が、この話はまた後にしよう。

「中華」（世界一）だとか「中国」（世界中心）という表記は、みずから階級的な特権を主張して、他民族や他国家との法的な対等性を否定しようとかかる「階級的な誇称」になる。それは、ベトナム人やモンゴル人が、「悪い字」を自国名について使われることを認容できないのと同様、世界的に通用させるべきではない「反近代思想」（代表的なものとしては朱子学やイスラム原理主義など）である。

近代思想の中核は「法の下《もと》の平等」だ。他の表現があるのに、わざわざ反近代的（朱子学的）な表現を現代に通用させてはならない。それはあなたが「自由」を奪われる最短コースになるであろう。

山鹿素行が示した手本

江戸時代前期の儒学者・兼・軍学者だった山鹿素行《やまがそこう》は、――日本人が本朝のことを「中国」と表現するならばそれは肯定したい。しかし聖徳太子《しょうとくたいし》の昔からわが国は隋《ずい》や唐の奴隷《どれい》であったこともない事実を忘れて、いまの清国やその前の歴代シナ王朝、ならびに地理的概念としてのシナ大陸を日本人のほうから「中国」と呼ぶのは、奴隷根性だよ――と注意をしてくれていた。

室町時代以降の日本の儒学者は、シナ文献を咀嚼《そしゃく》して、宋代に成立した「朱子学」（天に太陽が一つしかないように地上の支配者も一人だけであるとする。宋代以前からシナ人が受け入れていた不平等社会志向に、あらゆる非科学的な理屈を付けたもの）を日本で講義するのが、家業のようなものであった。

しかし徳川政権の確立とともに登場する軍学者は、その朱子学が正当化したがる華夷《かい》秩序（漢民族またはシナ王朝が世界でいちばん偉いのであり、徳の劣った周辺の人々は惑星のようにひれ伏すべきである）に反発し、日本国の徳は逆にシナよりも優越しているのだと主張した。

素行が手本を示したこのような学風は、江戸期を通じて日本国内に増殖する。同じように鎖国をしていたにもかかわらず、「シナと日本とはぜんぜん違う」ことについて、わが国の識字階層は大概《たいがい》、見当が付いていた。

このように世界を現実的に把握する力のあった日本のインテリたちが、儒教とは異なる倫理学として、西洋の「近代国際法精神」のあることを知ったのが、幕末であった。

清国で『万国公法』を欧語から漢訳したのはずいぶん早かった（西欧宣教師たちが日本よりもシナでの布教を重視したため）。だが、清国では朱子学的な、つまり反近代的な風土と因習が、『万国公法』の理解と実践をまるで絵空事《えそらごと》にしてしまった。

かたや日本人は、江戸期を通じた「軍学」の思考訓練が朱子学をも相対化していたおかげで、「国家Aと国家Bは法的に対等である」とする、米国独立戦争の頃から西洋で確立した近代の国際外交儀礼をよく了解することができた。それはいままでの東洋にはなかった優れた原則であり、その背景には何か未知の理想主義があると、幕末知識人の多くが直感できたのだ。

それがそのまま、近代自由主義革命であるところの明治維新の理論的骨子にもなっている。

国内で下級インテリの活動によって「法の下の平等」を達成した国民国家は、その国民的気概によっても、近代国際社会の一員であると承認されやすい。なぜなら、国民の中軸層が、華夷秩序（強い者にまかれる）にしたがうような意気地《いくじ》なしではないと知れ渡るからだ。それだけで、外部の強国相手の防衛や外交も、やりやすくなるのであった。

「法の下の平等」vs. 朱子学

「この世界には、いかにも、金満国と貧乏国、土地の広い国と狭い国、人が多い国と少ない国、軍隊の強い国と弱い国が存在するであろう。だが、すべての国家主権の間に、『一方にだけ常に特権があり、一方にはそれは許されない』といった階級制度的な高低は原則としてない」——このように考えるのが西洋近代思想で、明瞭な文章になったのはおそらく米国独立戦争中の「連合規約」であろう（当時は東部一三邦がそれぞれ「独立国」であった。いまでも五〇州の人口には甚《はなは》だしい格差があるのに、連邦議会に送り出される上院議員の数は各州同数の二名である）。

「法の下の平等」精神は、朱子学が狙う、「徳がある者（たまたま強くなっている人や国）が徳のない者（たまたま弱くなっている人や国）を特権的に支配する階級秩序」とは、相容《あいい》れない。当然、近代国際関係には、「中国」などという漢字表記が入る余地はありはしないのだ。

幕末の志士たちには、これが呑み込めた。ところが現代日本人には、これが分からないのである。そうなった事情は歴史的に説明することができるが、本書では紙幅がないので割愛《かつあい》する（兵頭の他著をお読みくだされたい）。

要は、シナ人が自分たちだけで「中国」と書いて誇ろうとするのはご勝手である。けれども、外国人のほうからは決してそんな尊号を進呈してはならないのだ。また、無意味に自国を卑下《ひげ》する国号も、近代世界では禁忌《きんき》としなければならない。東アジアでは、モンゴル人とベトナム人が、早くからこれに気が付いたといえる。

シナの南隣の国・ベトナムは、長らく国号や国語の表記に漢字を借用していた。が、一九世紀後半から第二次世界大戦後にかけてベトナムの指導者層は、国名表記も国語表記そのものも、ぜんぶ欧字に切り替えて、最終的に漢字圏を脱している。この国民的英断によって、それまで「越南」だった国名表記は「Vietnam」と変わった。「越南」では、いかにもシナの属邦のように見える。近代的な国益には反したのである。

なぜ「越南」だと属国か？　考えたなら分かるだろう。世界の真ん中にある国（中国）から見て、先秦時代の「越」よりもさらに南にある地方という意味で「越南」という表記を、清国の皇帝が下賜《かし》したのだ。

しかし現代世界では、国と国とは法的に対等なのだ。ベトナム人にとってはベトナムこそが世界の中心の「中国」であってよい。そして逆に、シナを「北にある地方」と呼んでもさしつかえない。

もっとも、近代世界では自ら過剰に誇ることも避けるし、他を不必要に貶《おとし》めることもすべきでない。だから価値中立な欧文表記を、ベトナム人は選び取った。ベトナムでは、独立と平等のための理性が、奴隷根性や特権をよしとする因習に、勝利をおさめたのである。日本の外務省は、ベトナム人やモンゴル人よりも頭が悪いのかビビリなのか、おそらくはその両方なのである。

英文の「チャイナ」も価値中立だ。そこには侮蔑《ぶべつ》の意味もなく尊敬のニュアンスもない。かつてそれにシナ人が文句をつけたことはないし、国連の名札にも「China」と書かれるのである。

だが英語の「チャイナマン」には侮蔑の響きがこもる。そうなったのは、シナ人以外の誰のせいでもないだろう。多くのシナ人が侮蔑されるようなことをしていたから、価値中立の名辞だったものが、いつしか侮蔑の響きを帯びてしまったのだ。

『孟子《もうし》』はいったものだ。バカにされる人は、まず自分で自分をバカにし、そのあとから、周囲の者が彼をバカにするのである、と。おのれの平生《へいぜい》の努力に自負がない人物は、ケチなプライドばかりが過剰にあり、周囲から笑われたときに自ら信ずる努力を淡々とし続けることができないで無効な反論に熱中し、ますます笑われるものである。

「支那」という漢字の表記を考えたのも日本人ではない。それは、当のシナ人たちであった（古代インド人には地理的概念としての「秦」を呼ぶ発音があり、それに文字を当てたとされる）。シナ人が選んだのだから「支」も「那」も「悪字」ではなかったはずだ。

が、日本人がその表記（支那）を多用しはじめた時期が、シナ人にとってはパッとしない時代であったせいか、「中華民国」という政府が樹《た》ったあと、シナ人は「支那」という字を日本人に使われることを嫌がるようになった。勝手に自分たちで劣等感にさいなまれているわけである。

しかし、地理的概念としてのシナを、近代世界の隣国のほうから「中国」と呼ぶわけにはいかないことは、前述の通りだ。

もちろん、先秦時代（石器時代にまでさかのぼる）から現代までの、非統一・混乱期をも含めた、歴代シナ政体を総称するのにも、やはり「中国」などと呼ぶのはちっとも合理的ではない。それを朱子学（儒教）の反近代的な序列観念・特権主義にこだわるシナ人が理解しようとしなくても、なんら日本人のせいではない。

また、近代世界に生きる決意を一九世紀に固めているわれわれの知ったことでもなかろう。価値中立のカタカナ表記の「シナ」とするのが、近代においては妥当であり、穏当なのである。

かつて、「メイド・イン・ジャパン」といったら「粗悪品」の代名詞であった。それは日本人にまったく責任があった。しかし、いま「メイド・イン・ジャパン」の語感は、かつてとは価値が逆転した。それも日本人の努力の成果だ。だがこんな話をいくら重ねても、嫉《ねた》みと特権にばかり精力を傾注する儒教圏人たちは、聞く耳を持たないから無駄であろう。

英語以外の欧語ではいろいろにシナ（地理的概念としてのシナおよび目下の政体としての中華人民共和国）を呼ぶが、いくつかの南欧語では「シーナ」と発音されて、シナ国内でも「Sina」という表記が問題なく通用している（政府公許のSNSのマイクロブログで「Sina Weibo」と名乗るところもある。「weibo」とは、中国版ツイッターの「微博」のこと）。

自衛隊で中共軍を恐れる者は皆無

ところで私は、一九八二年一月から一九八四年一月までの一任期（二年間）、陸上自衛官だった。応募した場所は東京都中野区で、まず市ヶ谷に集められ、新兵教育の最初の三ヵ月を武山駐屯地《たけやまちゅうとんち》（横須賀市）で受け、そこから北海道上富良野《かみふらの》駐屯地の戦車連隊に配属され、その間、電信や暗号の技能教育を受けるために真駒内《まこまない》駐屯地（札幌市）でも半年ばかり過ごしている。

私は「ネンショー」という言葉を武山で知った。シャバの景気が好い時代だったので、いまのように人材が自衛隊には集まらず、教育隊の営内班（旧軍の内務班）の数割は、少年院を出てきて間もない青年たちで埋められていた。

つまり私は、人殺しや強姦犯、ヤクザの息子、あるいは実家に電話もないという極貧《ごくひん》のティーンエージャーらと同じ大部屋の「同期の桜」だったわけなのだが、おかげで「清濁併《せいだくあわ》せ呑むことができない」とされる長野県人の性格的な欠点もすっかり改まり、彼らには心底感謝している次第だ。

日本の青年は「底辺」といえども捨てたものではないと、私はそのとき以来、確信をしている。三ヵ月目の終わりに「修了検閲」というテスト訓練があった。われわれの期は、武山の歴代の新兵たちのなかでも二番目の高成績を記録したのだ。

雑多なバックグラウンドを持つ新兵を一人前にしてやろうという、教官・助教（全国から優秀な若い将兵が集められる）の率先躬行《そっせんきゅうこう》は、誰も文句のつけられないものだった。当時、下士官層だって、九州や北海道の駐屯地へ行けば、「中卒」で自衛隊に入隊したという人も珍しくなかったものである。にもかかわらず、彼らの専門的なスキルと機転は、いまどきの大卒若年社員にいささかも見劣りするところがなかった。

およそ陸軍は、その国の全社会の縮図なのである。日本社会に、損得ずくではなしに後進を育ててやろうという心が普通に存在するから、このような自衛隊教育も実現するのだといえる。

ならば、中共軍ではそこはどうなっているだろうか？

昭和一九年八月から昭和二〇年七月まで陸軍省の次官を務めた柴山兼四郎《しばやまかねしろう》中将は、少佐時代から奉天《ほうてん》軍閥の張学良《ちょうがくりょう》の顧問となっていたほどで、シナ軍とその文化については知り尽くした男であった。彼が昭和九年に部外で講演した内容が活字となって残されている。今日の中共軍に、それがそっくりそのまま当てはまると思う。以下、兵頭が分かりやすく文章を補ってご紹介しよう。

〈日本陸軍ではエリート将校たちは、部隊長になることは好まず、幕僚としてキャリアを積みたがる。そのほうが組織中枢での出世が早く、天下国家を動かせるからだ。しかしシナ軍の将校は日本陸軍とは逆に、とにかく部隊長になりたがる。なぜかというと、シナ軍の部隊長には、部下の兵隊の人数に比例した役得をピンハネする権利があるからだ。雑収入もそれ

中共軍の若手幹部は幕僚ではなく部隊長になりたがる

にともなってプラスされる。下は小隊長から上は大将まで、経理が白紙委任なのだ。組織の上のほうからは、必要なだけの予算は満足に来ない。そのかわり、支出した分の領収証も求められることはない〉

このような組織文化では、先輩が後輩を親身に指導したところで一文《いちもん》にもなりはせず、部下たちはつまるところ搾取の対象か踏み台でしかないであろう。

わが自衛隊の一線部隊では、中共軍を恐れている者など、まったくいない。これは海上自衛隊も航空自衛隊も、同様である。恐れていないからこそ、軍歴のない一部の「バカ右翼」たちのように、好んで敵を嘲笑《ちょうしょう》・蔑視《べっし》することもしない。あなたが過去に何かのスポーツで常勝の競技者であったことがあるならば、この心境は分かるであろう。

ではさっそく、中共軍のその途轍《とてつ》もない弱さぶりについて、解説させていただくことにしよう。

こんなに弱い中国人民解放軍◉目次

プロローグ

「自由」を奪われる最短コース　3
山鹿素行が示した手本　6
「法の下の平等」vs.朱子学　8
自衛隊で中共軍を恐れる者は皆無　12

第一章　こんなに弱い中共空軍

中共軍が使う「劣化コピー版」　24
四機で二〇〇機の中共軍機が全滅　25
F－22の電磁破壊ビームとは何か　27
戦闘機より重要なAWACSとは　30
AWACSがあれば前世代機でも　33
電子戦はソフトウェアで決まる　36
コピーしても失敗続きの中共機　37
シナが見栄を張ったために　39
撃墜スコアが四対一になる武器　41
出撃不可能な中共版AWACS　43
AWACSなしのミサイル発射は　44
三菱電機の新型ミサイルの威力　46
訓練空域がない中共空軍の悩み　48
優秀なパイロットが育たない理由　51

南シナ海に機雷を撒かれただけで　55
敵機に撃墜されたF-15はゼロ　56
空自スクランブルで疲弊する中共　60
二〇一六年もロシア製エンジンで　62
ヘリコプターはもっとダメ　64

第二章　大日本帝国海軍とそっくりな中共海軍

中共海軍はなぜ巨大化したのか　68
海軍軍令部は陸軍の下位組織　70
圧倒的な西側航空機の破壊力　71
台湾海峡では既に面子が丸潰れ　72
中共版の「新軍備計画論」とは　77
中共艦隊の二大欠陥　79
対潜能力向上の最重要ポイント　81
大戦時の日米偵察機が教えること　82
マレーシア機墜落で露呈した実力　84
魚雷を持っていても対潜能力ゼロ　86
第一列島線を越えさせない機雷　89
掃海部隊が存在しないがために　92
中共体制が機雷で滅亡する理由　94
機雷で経済活動の規模は半分に　96

第三章　中共の核は使えない、軍は統御できない

北京が核攻撃を受けるとどうなる　100
弾道弾早期警戒システムの役割　101
ロシアの中距離弾道弾の脅威　103
中共の敵がロシアになった経緯　106
モンゴル方面からのミサイル対策　108
米支間の密約で日本は　109
ソ連と中共の大違いとは　113
鄧小平の没後は指導者不在　117
シナでは対等な他者は常に「敵」　119
中共にKGBがないために　121
ミサイル迎撃はあきらめた鄧小平　123
米支蜜月の終わった年　125
未完の弾道弾早期警戒システム　127
水爆弾頭技術を米国から盗んで　128
再びロシア製の兵器技術に頼る　130
第二砲兵を統制できない胡錦濤　132
北京着弾を一〇分前に知る術なし　135
核の攻撃者は特定できない中共　136
膨大なレーダーサイトの消費電力　137
「中共版GRU」とは何か　138
習近平が探す軍人の不満の捌け口　141
「侵略者」とならないために　144
領域警備法が絶対に必要なわけ　148
日清戦争で敵の初弾を待った背景　150

尖閣占領作戦に軍隊を使わぬ理由　151

第四章　中共陸軍の酷い実力

倭寇は三〇〇人で南京を攻略か　156
政府の長期存続を信じないシナ人　158
なぜ中共はイラクに学ばないのか　160
日本が研究する超高性能爆弾　163
「地味なハイテク」に弱い中共　167
米軍の偵察技術に対して中共軍は　171
ソ連の戦車を粉砕した徹甲弾　173
戦車の性能もエンジンで決まる　176
中共と西側の戦車の圧倒的実力差　179
時流に逆らい小銃を小口径化の愚　181
米軍をいちばん苦しめたゲリラ　185
中共政府にとっての恐ろしい教訓　187
宣伝こそがシナ流の戦争術だ　188

第五章　弱い中共軍が強く見えるカラクリ

中共軍は日米露には必ず負ける　192
「中共軍は弱い」といえない事情　193

「真珠湾の教訓を忘れる愚か者」 195
米国発信の過大評価情報に日本は 197
米国人が抱いたシナ幻想の効き目 198
ベトナムでも金縛りに遭った米国 202
「第一次米支戦争」とは何か 203
プーチンのウクライナ戦争の狙い 205
年老いた剣豪の覚悟で 206

第一章　こんなに弱い中共空軍

中共軍が使う「劣化コピー版」

一九八二年にレバノン領内のシリア軍を駆逐するため、イスラエル軍が空中から攻勢をかけた。そして大規模な空戦が「ベカー高原」の上空で生起する。

結果は、イスラエル空軍の約四〇機の米国製F－15戦闘機が一方的にシリア空軍のソ連製戦闘機（ミグ21、ミグ23、スホイ22）を撃墜しまくり、それははじめの数日間で八〇機以上、最終的には八六機にのぼったという。各種イスラエル空軍機の損失は、空戦に限ればゼロだった（対地攻撃中に高射火器によって二機が墜《お》とされた）。

このとき以来、東側（共産主義諸国）製の一線級の兵器システムが、戦場で西側軍の兵器システムの鼻をあかすことは稀《まれ》になった（一九九九年三月二七日に、米空軍の当時最新のステルス攻撃機F－117がベオグラード市上空で旧式のSA－3地対空ミサイルの低周波レーダーにより探知され、撃墜された例が特筆される。乗員は生還した）。

これは、何を意味しているか？

基本的にロシア製の兵器体系を採用し、しかもロシア軍のように改良・改善を真剣に行っていない現代中共軍は、もし実戦場で西側軍と正面衝突することになれば、稀な僥倖《ぎょうこう》的戦果を除いては良いところなく敗れる運命にある……ということだ。なにしろ本家のロシア製ですら勝ち目が薄いのに、中共軍が使っているのはその「劣化コピー版」なのだから。

四機で二〇〇機の中共軍機が全滅

『夕刊フジ』のウェブ版「ZAKZAK」が二〇一四年二月六日に配信した、日高義樹《ひだかよしき》氏による「連載：世界を斬る」のタイトルは、「1機で50機撃墜　中国の挑発行動に米軍が最新鋭戦闘機F22を投入」であった。

まず、この記事の要旨を紹介しよう。

――太平洋・米空軍のカーライスル（Herbert Carlisle）司令官によると、太平洋軍はアラスカのエーメンドーフ基地所属のステルス戦闘機F‐22ラプターをハワイに移していたが、今後はグアム島アンダーセン基地にも配備し、米空軍の嘉手納《かでな》基地と航空自衛隊の千歳《ちとせ》基地にローテーションで展開する。

――そのF‐22の四機編隊が初めて沖縄に進出してきたとき、若い飛行隊長が日高氏にこういった。「われわれは、台湾防衛のシミュレーションをやってきたばかりだが、一機で五〇機の中国戦闘機を撃墜することに成功した」。

――米国の専門家は、台湾攻撃に中共軍は「J‐10」（殲《せん》10）や「J‐11」（殲11）といった最新鋭戦闘機を二〇〇機投入できるだろうけれども、F‐22なら四機で「すべて撃ち落と

「F-22」のエンジン出力はF-15Cの165％もある。殲20の出力はF-15並みでしかない

すことができる」と主張している。

……以上、「飛行隊長」の氏名・階級が不詳で（秘密のわけはないのだが）、その聴き取りがなされた年月日も示されておらず（F－22が初めて嘉手納に進出したのは二〇〇七年二月一七日から五月一〇日までであることは公知である）、「米国の専門家」が誰で、「主張している」のはいつどこにおいてなのか等、いろいろと不明な点の多い記事ではあるけれども、紹介されている情報の骨子は、概《おおむ》ね、正しい。

まず四機というのは米空軍の基本的な空戦単位である。常に「二機」と「二機」の組になり、空中において互いに機動的にカバーし合うことによって、敵機の数がいかほど多数であったとしても、僚機を後方からやすやすと撃墜させるような隙《すき》を決してつくらないようにするという空戦技法を、米空軍は長年、洗練してきているのだ。

F－22は米空軍で一線配備中の戦闘機のなかでは最高額の機種で、年間の維持費を飛行時間で割ると、一時間飛行するのに六万ドルかかっている計算になるという贅沢《ぜいたく》な装備である（その前の世代のF－15C戦闘機だと、飛行一時間あたり四万ドル）。

米空軍はF－22をもって「第五世代」戦闘機と呼ぶ。その「第五世代」の定義は、「ステルス」（敵のレーダーや光学センサーで探知され難《にく》い）、「アフターバーナーなしの超音速巡航」（ふつう、エンジンの最終段へ燃料を噴射すればロケットのように加速して音速を出せるが、そのような燃料の無駄遣いをしなくともマッハ一以上で飛べる）、「超長射程の空対空戦闘能力」（七〇キロ以上の射程があるミサイルを運用できる）、「ドッグファイト時の驚異的機動性」（敵戦闘機との近接格闘戦になったとき、後ろをとられない）の四要件を満たすことだという。

F－22の電磁破壊ビームとは何か

F－22は、射程七〇キロ以上の「アムラーム」という射《う》ちっ放し式（パイロットは最後まで誘導する必要がない）の空対空ミサイルを六発、胴体内の弾庫に収納し、さらに、ステルス性をいささか犠牲にするなら追加であと四発を翼下に吊ることも可能だ。またそれらとは別に、二〇ミリ機関砲（実包四八〇発）も持っている。

アムラームは一九八九年に実用化され、二〇一二年四月時点で既に二四〇〇〇発強が射耗された「枯れた」製品だ。遠射だけでなく、近接格闘戦中にも発射できる。細かな改善が積み重ねられてきて、信頼性が高い。訓練発射を含めて実射したうちの半数以上が、標的機に命中したといわれる（読者は、これ以上の命中性能を自慢するミサイル・メーカーの宣伝を聞いたら、すべて嘘だと思って良い。もちろん、アムラーム以前の世代の空対空ミサイルは、もっと当たらなかった）。

また二〇ミリ機関砲は、銃身が六本あるガトリング式で、引き金を一秒引いただけでタマが一〇〇発も飛び出してしまうくらいサイクル・レートが高いので、四八〇発で撃墜できる限界は四機か五機だが、現実には機関砲を使うような空戦機動中では急速に燃料切れが近づくため、一機を墜としたところで帰投を考えるしかないであろう。

すると一機のF－22は、着陸して再び弾薬補給をしなおすまでに、六機の中共軍戦闘機を撃墜できる蓋然性《がいぜんせい》があるといえる（アムラームで五機＋機関砲で一機）。

だがF－22にはさらにオマケの裏ワザもあるのだ。機首に搭載されているアクティヴ・フェイズドアレイ式とよばれるレーダー（これは機械的な首振りはしないで電波ビームの方向や幅を自在に変化させられる）から強力なペンシル・ビームを距離一〇〇〇メートル以内で敵機に当ててやると、敵機内のコンピュータ・チップの回路が焼き切れてしまうというのだ。

大電力と特別な冷却力が必要なため、このような電子攻撃は、F－22か、エンジンの強力

米海軍艦上機「F/A-18」は空中で僚機と燃料のやりとりができる。中共の艦上機には空中給油機能はまだない

なF／A－18戦闘機の電子戦型にしか、為し得ない。ロシア製や中共製の軍用機は、サイズの割に機体が重いため、エンジンにそんなに発電をさせる余裕がないし、無理をすれば電子素子が過熱して故障してしまう。

電磁破壊ビームはF－22の機首の向きとは関係ない方向へ次々と指向できるので、F－22が敵の四機編隊の近くを擦れ違うだけで、機関砲を使うまでもなく、中共軍機は四機とも制御不能に陥ってしまう。まあ、話を割り引いて、これで一機が墜ちてくれるものとしよう。

するとF－22は着陸するまでに一機で七機を片付けられると見込まれる。四機のF－22ならば二八機。その四機が一日に二回出撃すれば、中共軍機を五六機、空から駆除できることになるだろう。

しかし、一機で五〇機を撃墜するためには、F－22は七回は出撃する必要があろう。湾岸戦争以降の米空軍の作戦で、一人の戦闘攻撃機パイロットが一日に四回出撃する場合もあるという話は聞くものの、さすがにそれを二日続けるのは精神的・肉体的に無理であろう。だが三日もしくは四日の間に七回出撃することは、機体にまったく故障が起きなければ可能かもしれない。

他方、中共軍機の活動は、開戦二日目になると、おそろしく低調になってしまうだろうと考えるべきだ。一日目には、米軍の巡航ミサイルが中共空軍の奥地の基地にまで飛んでいき、地上管制設備や燃料補給設備をしらみつぶしに叩くはず。すると中共軍パイロットは、地上管制官のボイス通信による指図に従って飛ぶだけなので、空に上がっていっても何をしたら良いのか分からなくなってしまう。

同時に、平時に米国家安全保障局、NSA（電子諜報工作機関）がこっそり仕掛けてある「ロジック・ボム」も、中共軍の通信用器材のチップのなかで遠隔コマンドにより活性化する。航空機整備工場への給電や、基地間の通信も、止まってしまうであろう。

戦闘機より重要なAWACSとは

背中に高性能レーダーを搭載した浜松基地の航空自衛隊AWACS

戦闘機のレーダーは、空全体を見回すようにはできておらず、パイロットは、戦場を概観することはできない。このため、地上にある空戦指揮所等からの適宜《てきぎ》の指示があると、防空戦闘は著しく効率化する。

ＡＷＡＣＳとは、そのレーダーサイトと空戦指揮所をひとまとめにして空中へ持ち上げたようなシステムである。

ＡＷＡＣＳは、長時間の滞空が可能な輸送機に搭載した、戦闘機よりも強力なレーダーによって、敵機の存在を、超低空に所在していようとも遥《はる》か遠くから探知する。そして、その動きを見張りながら、味方戦闘機が空対空ミサイルをいちばん効果的に発射して命中させられる位置まで誘導してやれるのである。

もちろんＡＷＡＣＳは、味方戦闘機よりずっと後方（敵機の長射程空対空ミサイルでも届かない距離。一〇〇キロ以上ならまず安全だろう）で旋回をし続ける。

それを追加しただけでも、既存の戦闘システムの働きが十倍にも百倍にも増強されるような要素のことを、軍事学では「フォース・マルチプライヤー」と呼ぶ。ＡＷＡＣＳは、さしずめ現代の空戦におけるフォース・マルチプライヤーの代表だ。

これを持っている空軍と、持っていない空軍とでは、勝負にならない。戦闘機の性能など、ほとんどどうでもいいぐらいの差が生ずるのだ。もう何十年も前からとっくにそういう時代に入っている（中共はそのことを湾岸戦争後に再確認した）。

なのに、超高額な最新戦闘機をたくさん買い続けたい各国の空軍インサイダーたちは、決してそんな真相（新型戦闘機よりもＡＷＡＣＳやデータ・リンクへの投資のほうが、決定的な意味がある）を、誠実に世間には説明しない。飛行機オタクたちに雑誌を買ってもらいたい専門系出版社も、その利害の共同体として、空軍インサイダーの嘘を補強してやらねばならない。

いきおい不勉強な外務官僚などは、戦闘機のカタログ・スペックや帳簿上の数列だけを比較して、「中共空軍は侮《あなど》れない」だとか「航空自衛隊は劣勢だ」とか、戦争する前から夢遊病者のような世界把握をしているのだから、日本政府が中共相手にいつまで経っても正気の外交ができないのも不思議ではなくなるのである。

中共空軍は、「外見だけ」それらしきAWACSを四機ほど保有している（一〇年経ってもそれ以上に増やせない。なぜなら失敗作だから）。

その中身は、意味ある「戦力」としては限りなく「無」に近い。したがって、それぞれAWACSを有している自衛隊とも、また米軍とも、中共空軍は勝負にはならない。

AWACSがあれば前世代機でも

味方の良いAWACSから指図を受けられる戦闘機中隊は、その戦闘機自体の性能が特段に優れていなくとも負けない。ステルス仕様のF－22もF－35も、じつはどうしても必要というほどではないのだ。

非ステルスの旧式のF－15（航空自衛隊や在沖縄米空軍の主力戦闘機）やF／A－18スーパーホーネット（米海軍や豪州空軍の主力戦闘攻撃機で、空対空ミサイル一四発を吊下《ちょうか》でき、僚機間で空中給油ができるため、専用の空中給油機がなくとも洋上進出に不安がない）でまったくお釣りがくるほどなのだ。

敵よりも優れたAWACSさえバックについているのなら、味方戦闘機が敵の戦闘機との空戦で不覚を取ることは、まずない。

まともなＡＷＡＣＳの支援を受けられないにもかかわらず、中共軍の戦闘機や爆撃機が、無謀にも日本に空襲を仕掛けてきた場合には、航空自衛隊の戦闘機は、ほぼ一方的に敵機を空対空ミサイルで撃墜して引き揚げることも可能である。空自の各パイロットは、敵機を目視する必要すらないだろう。

具体的には、味方の戦闘機は、敵機によほど近づくまでは自機のレーダーを停波させておく（これでＥＳＭという敵機の「耳」では前もって何も感知できなくなる）。そのうえで、敵戦闘機のレーダーにとってはどうしても探知が難しくなる超低空から、敵機に近づく。地面や海面からの反射波（クラッターノイズ）が強いため、ロシア製やシナ国産の信号処理チップでは、ノイズと有意信号を分離することができない。「見ても見えない」状態だ。

ＡＷＡＣＳが誘導してくれる以上、航空自衛隊のパイロットは、敵機を目視確認できなくても迷うことはない。ＡＷＡＣＳが教えてくれる発射タイミングで、ＡＷＡＣＳのいう通りの方角に、射程が七〇キロ以上ある「ＡＡＭ－４」という国産の空対空ミサイル（米国のアムラームの同格品）を次々に発射して、すぐに退避すれば仕事は終わりだ。

ＡＡＭ－４やアムラームは、ミサイルの先端に小さなレーダーが付いているから、敵機が突然コースを大きく変えない限りは、ＡＷＡＣＳの計算した敵機の未来位置へ先回りして飛翔し、そこで敵機を自律的にロック・オンして勝手に命中してくれる。

2014年末に公開された最新型の「殲31」もAWACSなしでは張り子の虎

米空軍のF－15Cは、アムラームを使って、敵の発射した長距離巡航ミサイルを洋上で撃墜する訓練もアラスカで積んでいる。巡航ミサイルは、民航ジェット機並みに低速であり、しかも回避動作をしないから、最新式のレーダーを揃えている側にとっては、防ぎやすい標的なのだ（逆に中共軍にとっては防ぎやすくはない）。

日本の航空自衛隊は、米国にAWACSを特注して四機保有している。また沖縄やグアムの米空軍もAWACSを飛ばしている。さらに米海軍は「E－2D」、日本の航空自衛隊は「E－2C」という、それぞれ小型の早期警戒機も持っている。ことに米海軍が最近完成させた「E－2D」は、いままでとは次元の違う監視力を持つという噂《うわさ》で、わが空自も導入を決定した。

電子戦はソフトウェアで決まる

現在、自前の技術で大型のＡＷＡＣＳや中〜小型の早期警戒機を製造している国は、五ヵ国しかない。すなわち、米国（大型のＥ－３と小型のＥ－２シリーズ）、ロシア（大型のＡ－50）、イスラエル（中〜小型のものがいくつかある）、スウェーデン（中〜小型のものがいくつかある）、そして中共である。

ＮＡＴＯ諸国や日本やサウジアラビアは、米軍機と協同作戦する以上は、米国製のＡＷＡＣＳを利用するのが合理的であると判断している。

ロシアのＡ－50は、大型輸送機「イリューシン76」に大型レーダーを搭載したものだが、電子系のハードウェアとソフトウェアにいろいろと制約があるために、その探知能力は、米海軍の小型の「Ｅ－２」早期警戒機（それも初期型）と同じくらいしかない。

イスラエルとスウェーデンのシステムは、多分に外国（本格的ＡＷＡＣＳを四機も買えないような貧国）へ売って儲けることを狙ったものだ。どちらも、アクティヴ・フェイズドアレイという最先端技術を謳《うた》い文句にしているから、新しいものを買ってなんでも見栄《みえ》を張りたいシナ人にはその要素は魅力的に映るようだ。

が、今日の電子戦は、ハードウェアよりも、過去の経験や敵性国機に関する情報を細部に織り込んだソフトウェアの「分厚さ」で決まるので、世界で最も分厚いソフトの蓄積を誇る米国製システムとは、イスラエルやスウェーデンも最初から「競合できる」とは考えていない。

コピーしても失敗続きの中共機

中共は一九六〇年代に、米海軍の「E－2B」の同格機を、「ツポレフ4」（米空軍の四発重爆撃機B－29をソ連がデッドコピーしたもの）をベースに国産しようとして一度失敗したことがある。米軍が双発機で実現していることを、技術の遅れた国は四発機にしないと模倣《もほう》ができないのだ。これはコンピュータを軽量化・省電力化できないことと関係がある。

その後、一九九〇年に始まった湾岸戦争を見て、やはりAWACSは中共に必要であると痛感したようだ。しかし米国は新冷戦の対手《たいしゅ》である中共にAWACS技術を提供する気など、さらさらなかった。中共はロシアのレーダー技術ではダメだろうと見切りをつけていたので、一九九二年にイスラエルとの商談をスタートさせた。

ロシア製の「イリューシン76」という輸送機の上に、イスラエル・エルタ社製の「ファルコン」というアクティヴ・フェイズドアレイ・レーダーを搭載しようという話が一九九六年にまとまった。が、おそらく台湾ロビーが米国政府を動かし、この剣呑《けんのん》な商談を二〇〇〇年七月にご破算にしてしまう。

米国は、中共との蜜月関係にあったレーガン政権時代においてすら、中共からのAWACS（E－3A）を買いたいとのオファーを断っている。イスラエルは米国民の税金で多数の高性能戦闘機を揃えられるという立場なので、米政府を怒らせることはできなかった。

こうして中共政府の面子《メンツ》は潰された。ちなみにインド軍は、中共が断念させられたイスラエル製レーダーとロシア製輸送機の組み合わせであるインド版AWACSの開発について、米国からなんらの横槍《よこやり》も入れられていない。

イスラエルは米国の意向に従い、最新レーダーのサンプルを二〇〇〇年にすべて中共から引き揚げたことになっている。が、どう見ても、中共はその現物を参考にして、類似のレーダーを「国産」した。そして、二〇〇三年にロシア製のイリューシン76の機体にそれを結合させた。ついでに解説しておけば、この輸送機のエンジン（および同スペアパーツ）も、中共はすべてロシアから輸入して調達するほかないものだ。

ともかく、「空警2000」と名付けられたこの中共版のAWACSは、二〇〇七年から実戦配備されたという。だが、その機数は現在でも四機である。

レーダー視程が三〇〇キロくらいの一機のAWACSで、南シナ海と東シナ海、そしてインド方面とロシア方面を同時に見張ることなどできない。加えて、一機のAWACSを一方面に常時飛ばし続けるためには、交替機が三機（つごう四機）は必要だ。

つまり、中共の防空にはAWACSが最低でも一ダース以上なくてはならぬ計算になる。それなのに機数が四機からちっとも増えないということは、つまりはそれらはまるっきり失敗作だったのである。

中共は、「空警2000」とは異なったコンポーネンツで小型の早期警戒機をこしらえて、穴埋めができないかも試みている。それが二〇〇五年にスウェーデン製の安価なAWACSを摸造《もぞう》してこしらえた中型の「空警200」だ。機体はロシア製の「アントノフ12」を中共でコピーした「輸8」を使った。そして、こちらもまた。四機製造したところで製造は止まっている。

シナが見栄を張ったために

「空警2000」は、レーダーに、ロシアのAWACSでは使っていないアクティヴ・フェイズドアレイ技術を、意地になって採用した。円盤状のプラスチックカバーの内部に、三面のレーダーが固定されていて、一面が一二〇度ずつ分担することで、三六〇度の視野を得ようというものだ。

一九九八年に防空駆逐艦（中共版のイージス）用に同種のレーダーを開発した南京《ナンキン》の設計チームがこれも担当した――といわれるのだが、話を聞いただけでも「それは仕上がっていないだろう」と想像ができる。

今日の兵器システムは、天文学的な行数のソフトウェアをプログラミングし、デバッグする必要がある。仮に十人や百人の超有能な技師がいたとして、それしきのマン・パワーで連日徹夜精勤したとて、どうにかなるようなレベルの業務量ではないのだ。

たとえば航空自衛隊のＡＷＡＣＳの一機の購入価格が、世界最高額の戦闘機たるＦ－35の四～五機分ともなってしまうわけは、「それを支えているソフトウェア開発者の数」が桁《けた》違いで、システムの隅々にそれだけ人件費がかかっているからなのだ。

なにしろレーダー電波を送信するプラットフォームの位置が、立体的にも時間的にも刻々変化する（それも、非等速的に）。艦艇をプラットフォームとした場合でも、その信号処理はすこぶる厄介《やっかい》だというのに、さらに複雑な相対運動をし続ける航空機用の信号処理ソフトを、一〇年やそこらで未経験チームがプログラミングできることなどあり得ようか？

また、現時点では、レーダーを物理的に回転させるということにも、まだメリットがある技術段階らしい。それで米海軍などは、最先端のテクノロジーを盛り込んだ「Ｅ－２Ｄ」早期警戒機のレーダーを、「アクティヴ・フェイズドアレイ」でありながら、なおかつ、その板面自体を物理的に回転もさせるという、折衷《せっちゅう》スタイルにしている。戦闘機ではないのだから無理して固定する必要はないのだろう。

中共はむしろロシア軍の「堅実路線」にこそ学ぶべきだったのかもしれない。が、周囲に対して見栄を張ることを異常に重視する「小人大国《しょうじんたいこく》」には、堅実路線など考慮外であった。

撃墜スコアが四対一になる武器

ＡＷＡＣＳが仕上がっても、今度は味方の戦術航空機との間で「データ・リンク」を取るという高いハードルが待ち構えている。ＡＷＡＣＳのコンピュータと、味方戦闘攻撃機のコンピュータを、無線で直結できなくてはならない。中共軍は、この段階には至っていない（できているという宣伝だけをしている）。

これができないと、戦闘攻撃機が自機のレーダーを停波して敵にこっそり近づくという芸当は至難である。

味方の早期警戒管制機の得た情報を戦闘攻撃機パイロットがリアルタイムで共有できる「空のインターネット」のことを、開発した米空軍では「ＪＴＩＤＳ」と呼ぶ。実機で空戦演習したところ、同じ米軍機同士の空戦でも、ＪＴＩＤＳを使える編隊と、それを使えなくした編隊とでは、撃墜スコアは四対一になったそうである。

旧ソ連のスホイ27をコピーした中共空軍の主力機「殲11」

中共空軍が、「空警2000」と、たとえば「スホイ27」（旧ソ連が米軍のF－15に対抗させるために開発した戦闘機で、それをコピーしたのが「殲《せん》11」。中共空軍の主力）の間で、初歩的なデータ・リンクが確立したとしよう。今度は、それを敵の妨害電波からどう守るのかという、次の段階の苦労も待っている。

ロシアのスパイ衛星は、今日でも、カプセルで生フィルムを地上に還送させるという一見、原始的な方法を残している。ロシアにデジタル撮影技術がないわけではない。しかし、衛星から地表に向けて暗号化されたデジタル信号を送信すれば、きっと米軍にどこかで傍受されてその暗号も解かれ、「ロシア人は何を見たか」がバレてしまう——という心配をするがゆえに、そこまで対策を凝らしているのだ。

ついでに余談になるが、プーチン大統領は二〇一三年から、昔なつかしい完全手動式タイプライターで部内文書を作成するように指導している。そのくらい、電子的な諜報の世界はシビアなのだ。

ロシアの技術をもってしてすら、有事の際にはデータ・リンクは米軍から妨害されるという見通しを強《し》いられているというのに、中共版のＡＷＡＣＳは、そこをどう乗り切るつもりなのか？　いまのところ、彼らが何らかの対策を考えている形跡はない。

出撃不可能な中共版ＡＷＡＣＳ

米国製のＡＷＡＣＳは、高空に位置する敵機に対しては距離六〇〇キロから探知できるとされ、超低空の巡航ミサイルでも距離二〇〇キロで探知する。これに対して中共版ＡＷＡＣＳの「空警２０００」は、宣伝スペックでもレーダー覆域《ふくいき》が半径三〇〇キロにとどまる。台湾の東岸の飛行場から離陸する戦闘機を台湾海峡の西半分から見張るのにもギリギリ——という感じだ。

こんなものが、たとえばシナ本土海岸から三四〇キロ離れている尖閣《せんかく》諸島の上空での味方戦闘機の空戦を支援するために、洋上へ一〇〇キロ以上も進出することなどできそうにないことはほぼ自明である。

敵の「フォース・マルチプライヤー」を開戦劈頭《へきとう》で無力化してしまうというのは、米軍にとって常識に類する優先手順である。

グアム島を発進した米空軍のF－22戦闘機の四機編隊は、そのうち一機だけが間歇的《かんけつてき》に出すレーダーで「空警２０００」の未来位置を見極めながら、残りの三機が同高度から気付かれることなく、「空警２０００」を挟み込んで奇襲的に「アムラーム」で撃墜しようとするだろう。F－22の編隊は、僚機間でのみデータ・リンクを張り、一機が得たレーダー情報を、他の僚機のコクピット内のスクリーンに映示してやることができるのだ。

そんな不意討ちを喰らう蓋然性《がいぜんせい》が高い限りは、たとえ相手が航空自衛隊のF－15だけだと分かっていたとしても、「空警２０００」は洋上へは怖くて進出できない。さりとて地上の基地に隠れていれば、そこにも米軍の巡航ミサイルが殺到するだろう。

ＡＷＡＣＳなしのミサイル発射は

中共空軍には西側の「アムラーム」に匹敵する空対空ミサイルとして、ロシア製のものがあるほか、国産品もあると宣伝をしている（実戦で使われたことが一度もないし、輸出されて好評だという話も聞かれず、実験ビデオすら公開されたことのないもの）。

ともかく、およそ射程が七〇キロもあるような空対空ミサイルは、味方のＡＷＡＣＳか地上のレーダーサイトから懇切丁寧に指図を受けない限り、おいそれと発射できるものではない。

アムラームや日本の「ＡＡＭ－４」のような、弾頭に自前のレーダーを持つ長射程の空対空ミサイルを、「視界外射程（Beyond Visual Range＝ＢＶＲ）兵器」という。一九九二年以降、実戦で射耗されるようになった。

しかし、名称に騙《だま》されてはいけない。ほとんどの実戦例では、パイロットはアムラームを至近の目視距離から追い撃ちで発射して撃墜しているのだ。

これは一つには、今日では敵味方の識別を目視で確実にしておくことが、政治的にとても重要だからでもある。中東のようにいろいろな国の空軍や民間の航空機が錯綜《さくそう》しがちな空域では、誤射は簡単に起こり得る。また、敵機も味方機も数が多く、混戦模様となったときには、ＡＷＡＣＳが丁寧な空戦指揮をする暇《いとま》がなくなるだろう。

「たぶん敵機であろう」という戦闘機パイロットの見込みで発射したＢＶＲが、無関係な国の軍用機や、あるいは旅客機、同盟国の要人を乗せた連絡機でも撃墜しようものなら、とりかえしのつかぬ事態に発展することは、誰しも想像が容易であろう。

むろん、本格的な戦争が勃発《ぼっぱつ》して日数も経過し、そのあたりで旅客機などうろついているわけがないという情況に至れば、ＡＷＡＣＳの支援を受けられる戦闘機は、見えない目標に向けて確信を持ってＢＶＲを発射しやすいであろう。

一九九〇～九一年の湾岸戦争では「サイドワインダー」という短射程の空戦用ミサイルも使用されているけれども、それは九七発発射されたうちの一二・六％しかイラク機には命中しなかったという。敵のパイロットが最初から自機の劣位を自覚していて空中で逃げ腰であった場合には、こちらが目視距離から追い撃ちで発射しても、ミサイルのロケットモーターが先に尽きてしまうのであろう。

ところが一九八二年のフォークランド紛争では、アルゼンチン機は戦意満々で正面から挑んできたので、英海軍のハリアー戦闘機から発射したサイドワインダーは、よく当たったようである（二五機を撃墜したともいう）。

おそらく中共空軍機は、開戦劈頭《へきとう》はアルゼンチン・パイロットのようにふるまうことであろう（開戦前に自己宣伝に陶酔して自信満々なのはシナ人の何百年も変わらぬパターンである）。が、じきにイラク・パイロットと同じ態度になるように思われる。とすると、追い撃ちの脚が長いＢＶＲは、敵の遁走《とんそう》を許さない重宝な武器となろう。

三菱電機の新型ミサイルの威力

航空自衛隊に空対空ミサイルやレーダーを供給しているメーカーの三菱電機は、アムラームを凌《しの》ぐという意気込みで「ＡＡＭ－４Ｂ」を開発している。この空対空ミサイルの最新版は、弾頭の小型レーダーが、アクティヴ・フェイズドアレイ式だ。航空自衛隊のF－2戦闘機は、中共軍機のミサイル射程よりもはるか遠くから、この最新型の国産空対空ミサイルを四発発射して、さっさと避退《ひたい》することができるようである。

F－2戦闘機は、米空軍のF－16という小型戦闘機をベースに三菱重工が開発したもので、機体そのものに特色は乏しい。だが世界の空軍インサイダーは、そのレーダーには注目し続けている。というのも、米海軍の最新型のF／A－18E／Fスーパーホーネットが搭載している「APG－79」という強力なアクティヴ・フェイズドアレイ・レーダーよりもさらに高機能なスペックの「J／APG－2」という国産レーダーが三菱電機によって完成されて、近々、それに換装されると伝えられているからだ。

スーパーホーネットのレーダーは、米本土での空戦演習で、ステルス戦闘機のF－22を探知できることも証明している。三菱電機はそれよりも探知力があって、しかもコンパクトなレーダーをつくったというのだ。

アクティヴ・フェイズドアレイ・レーダーのネックは、電子部品の放熱冷却の効率にあるとされている。その限界を、三菱電機は何らかの工夫《くふう》により突破して、ソフトウェアのアルゴリズムも高速化したものと想像されている。

これは私の持論だが、戦闘機の機体やエンジンは「農業」と似ていて、短時間で大進歩させようとしても、アメリカですらそれは無理なものだ（F－35などはもう完成しないのではないかとも疑われている）。ところが、電子兵器はまったく純粋な「工業」の概念に近いもので、人やカネなどの開発資源を突っ込めば、いくらでも進化を速めることができる。

進化の速いもの（工業）が、進化の遅いもの（農業）を翻弄《ほんろう》してきたのが人類の闘争史だろう。兵器開発にまわせる資源が有限な先進国としては、戦闘機の機体やエンジンと、レーダーやミサイルのどちらに注力すべきなのか、自明ではないだろうか？

F－16のような古い世代の飛行機も、最先端のレーダーと最先端のミサイルを装備しさえすれば、F－22と比べても遜色《そんしょく》のない防空戦闘が可能になってしまうのだから。

訓練空域がない中共空軍の悩み

F－22はエンジンが異次元のパワーを持っているから、さぞやとてつもない格闘性能を誇っているだろうと、空軍アウトサイダーは漠然と思っているかもしれない。ところが事実は異なる。F－22のドッグファイト（近接格闘）性能は、F－15やF－16戦闘機以下なのだ。

米国の航空産業界は、一九七〇年代設計のF－16の段階で、もう生身のパイロットが堪えられる加速度（旋回性能）の限界に達してしまっていた。旋回したときの加速度は速度の二乗に比例してかかってくるので、高速自慢のF－22は、むしろ機敏な旋回を意識的に抑制しなければ、パイロットが失神して不利な状態を招いてしまうのだ。

つまり仮にF－15とF－22が巴《ともえ》になって急旋回競争をしたとすると、F－22のほうが持続可能な旋回角が浅いので、先に失神回避操縦へと切り替えねばならない。その瞬間にF－15には機関砲でF－22を射撃するチャンスが生じる。

もちろん、F－22には高出力マイクロ波の集中でF－15のコンピュータでも破壊できる裏ワザがあることは既に述べた通りだが、F－15の後継とすべく、三〇年の年月をかけて開発したF－22の格闘性能は、結局F－15と似たようなものなのだ。

二〇一二年六月の米国内での演習では、ドイツ空軍が装備するユーロファイター・タイフーン戦闘機が、より大型でより重いF－22と目視距離内でのドッグファイトをテストし（F－22は電子妨害をかけないという約束の下）、その際、ドイツ空軍のパイロットたちが、軽量機の加速性と旋回性の良さをフルに活用したため、F－22は翻弄されたという。F－22は整備性が悪いためにパイロットの普段の飛行時間が不足しがちで、それも影響していたようだ。

では、中共空軍のパイロットには、このドイツ人戦闘機パイロットのようなパフォーマンスは可能なのだろうか？

パイロット一人あたりの訓練飛行時間が平均して短すぎる中共空軍には、とうてい無理であろう。ごく少数の教官クラスのパイロットが要所に配属され、飛行部隊を率いるのかもしれないが、その一人か二人が撃墜された時点で、ゲームオーバーだ。

中共軍のパイロットの訓練時間がおしなべて短い原因としては、「エンジンの故障率の高さと寿命の短さ」「機体の数が多すぎて燃料予算が付けられないこと」「腐敗した上司たちが限られた燃料代や燃料の現物をピンハネすること」等が挙げられるが、「海上や海岸上空で訓練できるスペースがない」ことも大いに関係していると思われる。

二〇一四年七月にシナ大陸を発着する民間航空便のダイヤは大混乱した。中共空軍が北朝鮮への威圧も兼ねて、間歇的《かんけつ》に上海《シャンハイ》周辺の沿岸部で大演習を繰り広げたからだ。上海発のフライトだけでも一〇〇〇便近くが運航取りやめを余儀なくされた。普通の国ではマネのできぬ軍事統制だ。「むかし関東軍、いま中共軍」と呼べるほどだ。

飛行訓練ならば、都市がまばらな内陸奥地の沙漠《さばく》の上空ででも伸び伸びとやったらよさそうなものだ。けれども、中共軍パイロットは、航空基地の管制局から直接に指図をされないと、どこへ飛べばいいのかも分からない。その管制局は、沿岸部に濃密に配されたレーダー基地の情報が頼りだ。そのため、地上管制ネットワークが充実している沿岸部で空戦訓練をしないと、改善すべき問題点もつかめないという事情があると想像される。

近年、中共の旅行代理店は「お急ぎの方は高速鉄道をご利用ください」と勧めている模様である。空軍による空域制限はいつも予告なしで発令されるので、シナで空の旅の計画を立てるということは、空港でいきなりその日一日を無駄に待機させられる（それもホテルの手配なしで）というリスクを背負うことなのだ。それに慣れた客たちは、寝袋と食料を持参して空港に向かうという。

中共の領空は一九九〇年代から徐々に民航機に開放されてきたが、いまでも六六％は、民航機がまったく立ち入ることが許されない軍専用の空域だ。

二〇一四年七月一四日に上海の空港が閉鎖されたとき、二人の若者がインターネット上のソーシャルメディアに、「これは政府の汚職高官が、海外へ高飛びしようとするのを阻止するためだ」と、思いつきで書き込んだところ、「噂《うわさ》の製造」の罪で即座に警察に逮捕されたという。また別に十数人が警察から警告を受けたともいう。

もっとも、軍事演習がなかったとしても、上海の空港は、アジアでいちばん遅れが発生することで悪評が高い。軍隊が領空の六六％を民航会社に開放しないでいるために、激増した民航便が狭い空域に溢《あふ》れてしまっているのだ。その狭い開放空域すら、抜き打ちで飛行禁止にされてしまうのだからたまるまい。

優秀なパイロットが育たない理由

近年、戦闘攻撃機パイロットの、飛行訓練のための燃料代、整備代、そして人件費は、莫《ばく》大《だい》なものである。

なにせ、現代の戦闘機のパイロットは、第一線でいられる期間がたったの二〇年かそれ以下でしかない。文字通り、健康を擦り減らしていく職業であるからだ。

遠心力や加速度のために、自分の体重が何倍にもなってのしかかってくる激しい空中機動を訓練し終えて着陸すると、毛細血管が破れて内出血してできる小さな斑点が、彼らの皮膚の上には現れているという。

プロ野球の投手たちも、酷使によって利《き》き腕の肩から指先にかけての毛細血管や筋細胞がダメージを蒙《こうむ》るため、一回登板したら、その復旧（自然治癒）を期して三日以上は登板を休むようにしていることは周知のことであろう。

スポーツ選手たちは、さすがに全身の毛細血管をくまなく傷《いた》めたりはしない。だが戦闘機パイロットは、全身が恐ろしい加速度にさらされ続ける。血管が密集しているところほど、そのダメージは軽視できない。ということは、脳が危なくなってしまうのである。

だから、戦闘機パイロットは四〇歳前後で早めに地上勤務へ配置転換するようにしないと、人道問題にもなる。どんなに健康な人でも、加齢とともに脳の血管は破れやすくなり、また治り難くもなることは、統計学的な真実であろう。ダメージの累積を人生トータルで抑制してやらなければ、いけないわけだ。

しかし多くの場合、本人が重大な脳血管障害等を発する前に、加速度による腰痛の慢性化を自覚して、三〇代にしてリタイアを欲するようになるという。

現在、ジェット戦闘機のパイロットを育成するのには、どんなに速成を心がけても、最低二年はかかる。その昔、レシプロ機時代の第二次世界大戦中の米海軍機パイロットたちは、一八ヵ月のコースで空母勤務が可能になったという。今日、空母に着艦する必要のあるパイロットを育成するには、みっちり六年間は必要だ（空母に夜間着艦しなくてもよい空軍のパイロットなら、やや短縮が可能）。

それほどの時間と燃料（一人につき数百時間分）をかけて養成する必要のある二〇代なかばのパイロットたちが、三五歳くらいに達する前に、毎年、同じ人数か、もしくはそれ以上の人数の新人パイロットを補充できるよう、各国の空軍（や海軍航空隊）は、重厚な「リクルート&教育」機構を、半永久的に維持しなければならないのだ。

中共の農村には何億人もの失業青年がいるそうだから、適性のありそうな航空学生などいくらでもリクルートできるだろう……と思ったら大間違いである。

「中国共産党」は、農村部ほど、腐っている。青年が軍隊に就職口を得られるかどうかは、青年の親が地方の共産党幹部に渡す賄賂《わいろ》を用意できるかどうかにかかっている。その軍隊の内部でも、兵隊から下士官へ、下士官から下級将校へ、さらに下級将校から中級将校へと昇進するためには、上官の将校（将校は全員、中共の党員である）に相応の賄賂を納めねばならない。

軍事技術的な才能や、公共のためを心がける勤務ぶりは、軍隊内の昇進と無関係だ。部下からカネを巻き上げて、それを上司に渡す才能、そのときどきの地位に応じた特権を闇商売で存分に行使して私財（それがまた賄賂の原資にもなる）を蓄積するという政治的な才覚、それらが中共軍内の昇進を左右する。

都市部の青年は親戚もリッチだから、そうした資金を仕送りしてもらいやすい。農村部は親戚も貧乏なので、そのカネが用意できない。とてもではないが、エリートコースの航空学校などへは入れないのである。

では都市部の何億人もの有能な青年たちはどうなのか？

彼らの関心は、いかにして私財をつくるかにある。戦闘機パイロットになったら金儲けなどできなくなってしまうし、人生のなかばにして身体も壊してしまうと知っているから、最優秀の若者は勧誘されても入らない。

戦闘機乗りになれるほどの頭脳と体力がある都市部の若者なら、海外留学でもして商売の世界へ進んだほうが断然、生涯トータルの期待所得は大きくなる。だから、ビジネスで大成する見込みが皆無で、親戚がそこそこリッチな「でも・しか」君が、中共空軍の戦闘機パイロットになったりするのだ。日本の「Fランク大学生」のような人材がこれからの中共空軍を担うと思っていいだろう。

南シナ海に機雷を撒かれただけで

燃料費もまた、途轍もなく莫大だ。

いま世界で、単一の法人組織として、一年間に最も大量に石油を消費しているのは、米空軍なのだ（あれだけの軍艦を走らせている米海軍でもなく、あれだけの車両を転がしている米陸軍でもない）。

中共空軍が米空軍と覇を競おうとすることが、いかに無謀な話か、燃料調達の問題を考えただけでも、察しがつくであろう。

シェール革命にもかかわらず、米国全体で見ると、軍需用と民需用の石油は、完全自給にはほど遠い。

が、しかし、米空軍が必要とする「JP－8」という軍用ジェット燃料（灯油が主成分で、民航機用のジェットA－1燃料とほとんど同じだが、さらにいくつかの微量成分を添加している。米陸軍と米海兵隊のすべての車両も、戦地ではこの燃料で走ることにしており、後方の燃料補給体系を単純化している）や、米海軍航空隊が必要とする「JP－5」という軍用ジェット燃料

（特別に火災を起こしにくく調整してあるスペシャル灯油で、航空機や空母が被弾したときには最も安全といえるのだが、それだけに非常に高価）に限れば、将来もし海外から一滴の石油も搬入できなくなったとしても、米国は、国内生産だけで何年でも賄い続けられるよう準備ができているのだ。

これに対して中共軍は、戦時にはマラッカ海峡や南シナ海に原始的な機雷を撒《ま》かれただけでタンカーが通航できなくなり、国内の民需用石油ストックも軍用石油ストックも、数日で干上がってしまう。この弱点は、次の章で詳しく述べることにする。

敵機に撃墜されたF‐15はゼロ

沖縄の米空軍と航空自衛隊の主力戦闘機はF‐15系列である。これも初期型と後期型とでは中身に相当の違いがあるけれども、一ついえることは、二〇一四年末時点で、世界にあるF‐15の各シリーズは、実戦で敵機を一〇四機、撃墜している。その逆に、敵機によって撃墜されたF‐15は、一機もないのだ。

米空軍のF‐15Cの標準兵装は、射程が七〇キロある「アムラーム」空対空ミサイル六発と、近距離空対空ミサイル二発、そしてガトリング式の機関砲である。空自のF‐15Jもほぼ同様だ。

航空自衛隊の「F-15J」。西側パイロットは早期に適性を見極めてコースが決められる。中共空軍は戦闘機適性のない者を大量に現役採用している

航空自衛隊は、F－15Jと、単発戦闘機のF－2を、合計で三〇〇機ほど運用している。

これに対し中共空軍の主力戦闘機は、ロシア製の戦闘攻撃機「スホイ27」の系列（直輸入品）と、そのコピー品（「殲11」その他）で、だいたい五六〇機あるという。

二〇一一年一月にシナ国産の「殲20」という「自称ステルス」の戦闘攻撃機（エンジンはロシア製を搭載）が初飛行したが、二〇一五年になってからも飛行試験が続いている段階で、部隊配備もパイロットの空戦訓練もなされているわけではない。使える戦力となるのは当分先のことだろう。二〇一四年一一月六日にデ

モ飛行が初公開された「殲31」も同じだ。

スホイ27は、米空軍のF－15の対抗機として一九七〇年代後半に旧ソ連で開発された。中共空軍はソ連崩壊後の一九九二年からこれを完成品輸入し始めたが、一九九五年末にライセンス契約を結んで、一九九八年以降、徐々に国内生産に切り替えた。ところがそのうちに中共が勝手に「殲11」というパクリ飛行機をこしらえて、「これは純国産だ。以後はもうライセンス生産はしない」といい張り、ついに二〇〇四年に契約は公然たる不履行状態に移行している。日本やドイツからパクった「新幹線」と同じ構図だ。

スホイ27のロシアにおける艦上機バージョンが「スホイ33」である。中共はそれも模倣して「殲15」と称している。最初に中共は、ロシアからスホイ33を二機だけ買ってデッドコピーしようとたくらんだ。が、狙いが見え見えだったので、ロシアは断った。そこで中共は二〇〇一年にウクライナからスホイ33を一機だけ調達し、それをバラバラに分解して部品をすべて摸造して、二〇一三年に「殲15」を完成させたのだ。

練習空母『遼寧《りょうねい》』には、この「殲15」を二四機載せる余地がある。そして既に、パイロットの殉職者《じゅんしょくしゃ》が二名出ていることが習近平《しゅうきんぺい》によって言及されている。

二〇一四年にロシアの空軍司令官は、「スホイ30」「スホイ34」「スホイ35」といった新鋭戦闘攻撃機（いずれもスホイ27の系列の末端に位置する）が、単価一〇億ルーブル以上でロシ

「殲20」がステルス性を発揮できるのは、正面の敵レーダーに対してのみ。他のすべての角度からは、丸映りである

ア軍に調達されている、と語っている。当時、米ドルに換算すれば、一機が二八〇〇万ドル以上ということになる。一ドル＝一〇〇円とするなら約二八億円。西側の戦闘機と比べ、えらく安い。が、これまでのロシア製戦闘機の相場よりは相当に高額なので、ロシア空軍は整備を進め難いのだという。

中共空軍の場合、総予算では、ロシア軍よりも余裕があるかもしれない。けれども、「本家」で約二八億円する戦闘機を拙速にコピーした「パチモン」飛行機が、大量生産されてもなお一機一〇〇億円以上するF－15に対し、さまざまな性能面で太刀打《たちう》ちできないことは、当然だろうと考えられる。

ベカー高原上空で「八六対ゼロ」のスコアで完敗したシリア空軍と同じ運命しか、中共空軍にはあり得ないであろう。

世界各国の空軍インサイダーは、自国政府が最新式の高額な戦闘機を次々と買い揃えてくれることをひたすら願って、仮想敵国の空軍機が異常に高性能で脅威であるという嘘を平然とつくものである。しかし歴戦の先進国の文民指導者層は、空軍インサイダーのそのような「敵褒めバイアス」を見抜けるだけの軍事バランスに関する眼力があるから、簡単に騙されることもない。

ひとり、日本の外務官僚だけが、航空自衛隊の「敵褒め誇張」を頭から信じて、北京《ペキン》の横車に対しては、常に敗北主義的な譲歩をすることに決めているのだから、どうかしている。

空自スクランブルで疲弊する中共

二〇一四年一〇月三〇日のロイター発の報道によれば、中共国防省の報道官が、空自のスクランブルを止めてほしいと記者会見で述べたそうである。二〇一四年の七月から九月まで、空自機は中共機（それには戦闘機以外の機種も含まれる）に対して一〇三回スクランブルをかけている。おそらく中共側も、空自の戦闘機への対抗意識や見栄として、同じように戦闘機を航空基地で暖機運転させたり離陸させたりしなくてはならない。

しかし空軍のインサイダーたちならよく承知しているように、中共軍機のエンジンは、地上で暖機運転をするだけでもどんどん壊れていき（スペアパーツの取り寄せが必要になる）、エンジンそのものの寿命もなくなっていく（新品エンジンへの換装が必要になる）。

整備能力が世界一高い（したがってエンジンがちっとも壊れない）日本の航空自衛隊をＡＤＩＺ（防空識別圏）付近で挑発する身の程《ほど》知らずな政策によって、中共空軍は、自ら虎の子の航空戦力の減耗・自滅を加速させていると見ていいだろう。

中共空軍の主力戦闘機「殲11」（ロシアから輸入したスホイ27と、その正規ライセンス型、および違法コピー型を総称する）には、もともとロシア製の「ＡＬ－31」系列のエンジンが搭載されている。ロシアは電子系の中枢技術と同様に、航空エンジンの製造ノウハウも決して中共へ売り渡す気はなく、エンジン一基につき三〇〇万ドルから四〇〇万ドル（タイプや時期による）を受け取って、あくまで完成品として供給する方針だ。

スホイ27は双発エンジンだから、一機につき中共空軍は二基ずつ（寿命が尽きるたびに）輸入しなければならない。これを面白くないと思ったシナ人は、二〇〇一年以降、勝手に「ＡＬ－31」を模倣して「ＷＳ－10」という「国産品」のエンジン系列をつくり始めた。

「ＷＳ－10」エンジンは二〇〇四年に「殲11」戦闘機に搭載されてデビューした。けれどもその後、中共空軍がさんざんその性能や信頼性について誇大な宣伝に励んでいるにもかかわらず、「ＷＳ－10」系はどうしようもないエンジンだということを、世界中が知っている。

中共空軍は二〇一〇年には「もうロシア製エンジンは要らなくなった」と吹聴《ふいちょう》した。ところがその直後に、中共空軍はロシアのメーカーに「ＡＬ－31」系エンジンを一二三基発注した。

これは二〇一二年に製造する予定の戦闘機用で、本当はもっとたくさん欲しいのだけれども、今度はロシアの工場にその需要に応ずるだけのキャパシティがないので、ユーザーの中共空軍としては現場では渋々ながら、国産の「WS－10」系を新造戦闘機に搭載し続けなければならないというのが真相なのである。

二〇一六年もロシア製エンジンで

また、中共海軍の練習空母『遼寧』（一九九八年にウクライナから廃用空母『ワリヤーグ』のドンガラ、船体だけを買い取り、シナの造船所でディーゼル機関を据えたもの。いまだに「公試運転」中であり、戦列化していない）は、艦上機をカタパルトで射出してやるのではなく、艦上機が自力で短距離発艦せねばならない「スキージャンプ式」だ。

この方式である限り、「殲15」（「殲11」の艦上機型で、最大で二四機を載せる計画）は、そのエンジンをよほど強化しない限り、重いミサイルや大量の燃料を抱えて飛び出すことができない。

そこで中共海軍航空隊は、国産の「WS－10」エンジンをもっと強力にした「WS－10H」エンジンを国内企業に開発させせた（Hはシナ語の「海」をローマ字表記したときの頭文字）。ところがこの新エンジンも調子が悪い。それが証拠に、二〇一四年九月時点でも、「WS－10H」を搭載している「殲15」は、たったの二機しかない。

中共軍の戦闘機が、「AL－31」系のエンジンを搭載しているか「WS－10」系のエンジンを搭載しているかは、衛星写真でも識別され得る。

工場から出た段階では「WS－10」を取り付けていたのに、あとから「AL－31F」に換装した機体も少なくない。こうして専門家が写真を追跡していると、中共の航空テクノロジーの実態というものも、分かってしまうのである。

現に、陸上型の多くの「殲11」が、いまだにロシア製の「AL－31F」エンジンを取り付けて飛んでいるという事実がある。

陸上機は長い滑走路を使って離着陸すれば良いので、エンジンには艦上機ほど無理な要求はなされない。しかし、その陸上機用の「WS－10」系すら、中共工業は満足に仕上げられない技術レベルなのだ。

「AL－31」は、初期型で約九〇〇時間の寿命があった。ロシアはこれを逐次《ちくじ》改善して、二〇〇〇時間に近づけようとしている（それでも西側エンジンより短命）。しかし中共には、そのロシアのマネはできていない。あちこちのパーツがすぐに壊れ、全体の寿命も短いのだ。

二〇一六年になっても中共空軍は引き続きロシア製エンジンに依存しているだろうと、おおかたの専門家たちは観測している。

ということは、日米両軍（もしくはそのどちらか）との本格戦争になれば、ストックのエンジンなどすぐになくなってしまう。一九四五年の日本海軍や日本陸軍も、局地戦闘機用の高性能エンジンがなくて、B－29迎撃に苦労したものだ。同じ運命が、今度は中共空軍を見舞うであろう。

ヘリコプターはもっとダメ

中共が技術的に不振をきわめているのは戦闘機用エンジンだけではない。軍用ヘリコプター用の「ターボシャフト・エンジン」も、彼らは国産（すなわち外国製の無断コピー）では、高性能なものがつくれない。

固定翼機ならば、主翼が揚力を生み出してくれるので、エンジンの非力さを機体設計や運用でカバーできることがある。たとえば、「スピードは出せないが、長距離を飛べる」といったふうに。

しかし回転翼機は、エンジンが弱ければ最初から浮かんでもくれないから、搭載されているエンジンの技術的劣位が、てきめんにすべてのパフォーマンスに反映する。すなわち、機体を軽くするのには限度がある以上、どうしても、搭載する荷物や電子器材や燃料を削《けず》って

「最大離陸重量」の限度内におさめるしかないのだ。軍用機としてのポテンシャルが最初から制限されるのである。

輸送用ヘリならば、航法装置を重くできないことにより、「全天候性」があやしくなる。夜間や雲底が低いときに目視しか頼りにできないのでは、飛ばすことはできない。

武装攻撃ヘリなら照準装置を重くできないので、やはり夜間の戦闘ができるのかどうか、疑わしくなる。

また、多数の兵装を搭載した場合に、燃料が離陸後一時間もせずに尽きてしまうことになるかもしれない。燃料も重いものなので、重い兵装とは両立できないのだ。

艦載の対潜ヘリなら、重いコンピュータを搭載することができず、それは結局、日米の潜水艦をまったく探知もできない「気休め装備」であることを意味する。中共海軍は、それを承知で「格好だけの対潜ヘリ」を製造し、配備し続けているのだ。こんな軍隊は、中共軍の他には、韓国軍くらいしか見当たらないであろう。

概括すれば、中共製の武装ヘリコプターは、例外なく虚仮威《こけおど》しの外見のみであり、実戦では使い物にならない（群衆威嚇《いかく》用には使える）。無知な外交官は、航空ショーで機体に取り付けられている機関砲やミサイルの写真を見て震え上がるかもしれないが、西側の軍人ならば鼻で嗤《わら》うしかないオモチャばかりだ。

その中共軍のヘリコプター整備担当者にとって、もう一つ悩ましい事態が二〇一四年春に発生した。

ロシア軍で現用している各種のヘリコプター、たとえば「ミル8」「ミル17」「カモフ50／52」「ミル28」「ミル24／35」といった輸送ヘリや攻撃ヘリには、ウクライナの「モトール・シッチ（Motor Sich）」社から、信頼性の高いターボシャフト・エンジンが供給されていた。

ところが、二〇一四年にプーチン大統領がウクライナ侵略をやらかしたので、これらのエンジンの供給は、今後はなされぬことになった。ロシアのメーカーでヘリ用エンジンを内製化するには、生産設備の準備にあと三年はかかるだろうといわれている。

したがって、ロシア軍はこれから三年間、ヘリコプター戦力を増やしたいと思っても増やせなくなってしまっただけでなく、スペアパーツも手に入らなくなってしまったわけだ。もちろん中共も、そのロシアから臨時に輸送ヘリや艦載ヘリなどを輸入することはすこぶる難しくなるだろう。なにしろ新品を欲すればエンジンが付いてこないのだ。

しかし、中共がウクライナからエンジンだけを買うことは――中共がウクライナ事変に関してプーチンの肩を持っていても――彼らのあいだでの特有のビジネス流儀として、おそらくは可能だろう。

第二章　大日本帝国海軍とそっくりな中共海軍

中共海軍はなぜ巨大化したのか

中共の「筆頭仮想敵国」は、一九五〇年代末以降、ながらくソ連だった。海軍の主眼も、ソ連兵が海から回り込んで上陸してくるのに備える沿岸防衛にあって、小艦艇や小型潜水艦が中心だった。とにかく陸軍の強靭化《きょうじんか》を最優先に考えねばならず、海軍にはまだカネは廻せなかったのだ。

ところがその北隣の、陸上国境からの軍事的重圧は、ソ連邦が崩壊する一九九一年の数年ほど前から、ガックリと低減する。ちょうど鄧小平《とうしょうへい》は、中共軍の近代化のため、陸軍の人員削減も熱心に進めていたところだった。一方、経済の改革開放路線によってGDPが右肩上がりに伸びたおかげで、国庫歳入（ほとんどが国営企業からの納付）には一九八〇年代から余裕が発生していた。

こうして、それまでは微々たる戦力でしかなかった海軍へ、次第に巨額の予算と人員（当初の幹部は信用のできる政治将校を陸軍から転用）が流れ込むようになる。

鄧小平はまた、国内最大の大慶《たいけい》油田が枯渇しそうな兆候に危機感を募らせてもいた。国土をくまなく石油探査させたところ、どうも新油田は海底でしか見つかるまいと信じられた。

そこで鄧小平は考えた。海軍力を増強すれば、南シナ海の全域を中共が支配し、海底油田を排他的に採掘することが可能になるだろう。さらには、埋蔵量の豊富な油田が確実に存在すると知られているボルネオ島や樺太《からふと》にも、軍事力を背景にした中共の影響力を行使できよう。すなわち、分離独立運動等の間接侵略によって、それらの「資源の島」を中共の保護領化するオプションが現実的になる。台湾の併合も、米国を刺激しすぎる直接侵略にはよらずして、この間接侵略方式で進めたら良いだろう……。

鄧小平はこのような大戦略を、江沢民《こうたくみん》に引き継がせる。

これには、もう一つの深慮遠謀があった。海軍を強大化してやれば、それは「改革」や「近代化」「合理化・人員整理」には常に抵抗する古手の陸軍幹部の政治力を、掣肘《せいちゅう》・牽制《けんせい》できる勢力にもなるのだ。

じつはこれは、明治から敗戦までの大日本帝国が国内権力をバランスさせるために採用していた方法だった。陸軍だけに威張らせないようにするには、海軍を大きくして拮抗《きっこう》させることが有効だと、日本の文官指導層や宮中《きゅうちゅう》は思ったのだ。冷戦後期の中共にとっては、それは鄧小平の「国家石油政策」と合致するので、一層、好ましかった。

こうして中共海軍はまたたくまに二五万人以上という、人数的には米海軍の次に巨大な陣容となるまでに成長した。いくら増やそうが、海軍には北京でのクーデターなど起こせない。したがって内政が不安定化する憂《うれ》いもないのだ。

そしてまた、造船所が雇用できる労働者の数は、飛行機工場や戦車工場の比ではない。その造船所にどしどし大中小の軍艦・公船を発注し続ければ、自ずとトップに忠誠を誓う下部共産党組織が増殖し、トップの個人的権力基盤は磐石《ばんじゃく》になるであろう。

海軍軍令部は陸軍の下位組織

これは軍事的に必要のある軍拡ではなかった。政治的な目論見《もくろみ》に基づく軍拡だった。国民の士気を高め、エネルギーも確保し、内政を不安定化させずに陸軍を統制する——。

しかし、政府がこのように温かく後援してくれるものだから、最初から海軍プロパーで出世した少壮・中堅の将官たちは、だんだん「自己宣伝」中毒になり始めた。その勢いで、彼らは「実戦」を欲するようにもなる。

中共海軍インサイダーにとって、華々しい実戦の勲功が過去に乏しいのは、残念なことだ。一九四九年に海南島《かいなんとう》から蔣介石《しょうかいせき》軍を追い出すためにジャンクに山砲（軽量な野砲）を搭載して向かったことや、一九八八年三月にスプラトリー諸島の「ジョンソン南礁」のベトナム軍を制圧した（七〇人くらい殺したらしい）ことや、二〇一一年二月に同じくスプラトリー諸島の「ジャクソン礁」でフィリピン漁船に大砲を発射したことぐらいしか、実戦歴としては数えることができない。これでは陸軍からいつまでも一目置かれないし、国民に対しても、なんとなく体裁《ていさい》が悪い。

中共海軍は、江沢民の置き土産《みやげ》として、二〇〇四年五月、ついに党中央軍事委員会に常任委員を送り込めることになった。しかしさすがに、旧日本海軍が手にしていたような、陸軍参謀本部と同格の統帥権《とうすいけん》（作戦を独自に考えて実行する権能）を獲得するほどの政治勢力には育っていない。

中共における海軍軍令部は、あくまで、陸軍参謀本部の下位組織である。とはいえ、いまや旧日本海軍と同様に、中共海軍が米国その他と軍備競争を始め、国際緊張を高め、奇襲開戦や偶発開戦の主役となることで、中共陸軍を対外戦争に巻き込んでしまうことは、いくらでも可能になった。

圧倒的な西側航空機の破壊力

天安門《てんあんもん》事件後に徐々に鄧小平から権力を引き継いだ江沢民《こうたくみん》は、自らは軍歴ゼロなので、中央集権的に統制されていない陸軍に指導力を及ぼす方法がよく分からない。

そこで当時は無権力の中共海軍にふんだんに予算を与えることで恩を売り、将来大きく成長した中共海軍を自己の政治勢力基盤に取り込もうと画策する一方で、党直属の秘密警察によって隅々までよく統御されている「第二砲兵」をとりあえず駆使することを思いついた。

「第二砲兵」は、核兵器と各種長距離ミサイルを担当する軍種だ。もし不統制でもあれば即座に中共体制の存亡に関わってしまうから、不忠・不純・無能な将兵は排除され、組織の上から下まで秘密警察の監視下にある。

文民政治家が外交の道具に使うのには至って便利だといえようが、非核の弾道弾で成し遂げられるような外交上の成果など何もないのだと（一九八〇年代のイラン・イラク戦争と一九九〇年の湾岸戦争に続いて）確認されたのが、一九九五年から九六年にかけての台湾近海への短距離ミサイル連射騒ぎであった。

ちなみに「第二砲兵」がその時点で大陸沿岸にズラリと並べていた非核弾道弾全部を台湾に撃ち込んだとしても、米軍機がコソヴォへ一日で投下した爆弾の炸薬量には遥《はる》かに及ばない。この事情は今日でもあまり変わりがない。つまり、非核である限り、中共や北朝鮮の弾道弾よりも、西側の航空機のほうが、ずっと破壊的なのである。

台湾海峡では既に面子が丸潰れ

その台湾海峡の緊張について概括すると次の通りだ。

ながらく国民党の一党独裁であった中華民国（台湾）は、初めて国民の直接投票によって「総統」（国家元首）を決めようではないかという運びになった。その投開票日は一九九六年三月二三日に予定された。この話が大陸へ伝わるや、総選挙など一度もやったことがないしこれからもする気がない中共は、大いに焦《あせ》った。特に江沢民は、これを座視すると、自分の権力が内部（専制主義で強硬派の陸軍、および複数政党制を要求する青年・学生）からの突き上げで窮地に陥ると憂《うれ》えた。

そこでまず一九九五年七月二一日から二六日にかけて台湾の近海に弾道弾を撃ち込む演習が実施された。さらに八月一五日から二五日にかけても、同様の弾道弾発射があった。

これに対して米国は、インド洋へ派遣する原子力空母『ニミッツ』を中心とする艦隊を、一二月一九日から二〇日にかけて「悪天候」を口実としてわざと台湾海峡を通過させた。この通峡の事実は、米政府も米海軍も公表をしなかったが、台湾のメディアがリークして、「米国はいつでも台湾防衛に関与する」というメッセージがシナ人に伝わった。

しかし政治的立場の弱い江沢民は、これで引っ込んでしまってはますます権力が揺らぐから、選挙がいよいよ間近くなった一九九六年三月八日から一五日にかけて、また「第二砲兵」に弾道弾を台湾領海へ撃ち込ませた。

これに対して米国クリントン政権のクリストファー国務長官は、三月一〇日、通常動力型空母『インディペンデンス』を中心とする米艦隊が、これから台湾に接近すると発表。翌日にはクリントン大統領が、インド洋にある原子力空母『ニミッツ』も同海域へ向かうように命令した。もし中共軍がまぐれで『インディペンデンス』を小破させることができても、必ず『ニミッツ』で報復爆撃してやるからな、という強い脅しであった。

『インディペンデンス』は三月一六日には台湾に接近した。が、台湾海峡へは入らずに、台湾の東側海域を二〇日間以上にわたり遊弋《ゆうよく》して、三月二八日に横須賀に帰還した（四月に同艦をクリントン大統領が訪れてねぎらっている）。

このときの『ニミッツ』グループの航跡は判然としない。中共側は「二隻の潜水艦を展開して、通峡を阻止した」と威張っている。西側のニュース記事では「通峡した」かのようである。選挙当日の三月二三日には『インディペンデンス』の近くに所在した、という話もある。だとすれば『ニミッツ』は海峡には近づいたものの、通り抜けてはいないのだろう。

いずれにせよ、江沢民による露骨な軍事的恫喝《どうかつ》によって中華民国内の選挙には逆ネジが作用し、独立派の李登輝《りとうき》が大差で総統に選ばれた（二〇〇〇年までの一任期を全《まっと》うする）。

中共海軍が米海軍の力を思い知らされたことは間違いない。

すると江沢民は、首相の李鵬《りほう》を一九九六年末にモスクワへ派遣し、『ソヴレメンヌイ』級の八〇〇〇トンもある駆逐艦を一隻、購入させる。同級は対潜装備が揃っており、長射程の艦対艦ミサイルを米空母めがけて発射できるのが特長であった。

また、一九九五年よりロシアから買い始めた『キロ』級潜水艦は、米空母に向けて超音速

横須賀に寄港した原子力空母『ニミッツ』。全長332メートル

の巡航ミサイルを発射できるシステムが魅力的であった（中共製の亜音速巡航ミサイルではイージス艦により途中で撃墜されてしまう）。加えて、「スホイ30」系列の新鋭戦闘攻撃機も、中共はロシアから買いつけるようになった。

二〇〇〇年三月には二回目の台湾総統選挙が予定されていた。それに先立つ二月二一日に中共は、「もし台湾が独立を宣言すれば武力侵攻する」と白書で予告した。米政府は、これが民主的選挙に悪影響を与えないように、通常動力型空母『キティホーク』をして二月二三日に台湾海峡を通過せしめ、また三月一八日の投開票日の前後には『ニミッツ』と『キティホーク』を台湾近海に遊弋させた（結果は、「独立」に及び腰な陳水扁《ちんすいへん》が当選した）。

その後、二〇〇六年一〇月二六日、シナ南海艦隊所属の『039A』潜水艦は、米国の最後の通常動力型空母となった『キティホーク』を「沖縄近海」（それ以上の詳しい情報はない）で待ち伏せ、八キロくらいの近距離で浮上して驚かした。同潜水艦は「AIP」という空気を必要としない特殊な燃焼機関によって二週間かそれ以上の連続潜没が可能なので、海南省楡林《ユイリン》海軍基地を出港して沿岸を微速で北へ移動し、うまく会敵したらしい。浮上したのは、艦内の乗員用の空気が尽きかかっていたからだろう。

おりしも米太平洋艦隊司令官のラフヘッド大将が中共を訪問することになっていた。米艦隊としてはそのタイミングで中共側が潜水艦で露骨なイヤガラセをしてくるだろうとは予期しないで、空母の作戦行動中には必ず艦隊に同行させる魚雷戦型の原潜を、別な海域へ派遣していたのではないかと疑われる。

二〇〇六年末、同じ『キティホーク』がグアム島の近海で、中共海軍の原子力潜水艦につきまとわれている。これは相手が騒音の大きな潜水艦なので、シナ大陸の基地出港と同時に米軍原潜が探知・尾行しており、特に驚くことはなかった。

余談だが、中共海軍が空母艦隊をつくったとしても、それに随行させるべき潜水艦がないという悩みは解消していない。中共製の原潜では騒音が大きすぎ、さりとて静かなAIP式潜水艦だと、高速空母についていけるだけの速力を持続発揮できないからだ。

二〇〇七年一一月、この『キティホーク』が香港《ホンコン》への親善訪問をドタキャン的に拒否された（あきらかにそれは胡錦濤《こきんとう》や党からの指示ではなく中共海軍が勝手にやらかした）ことに腹を立て、二三日から二四日にかけて同空母グループ（イージス艦など計六隻に、おそらく原子力潜水艦も一隻付随）を、示威的《じいてき》に台湾海峡を通過させて横須賀へ呼び戻した。今度は中共の『宋』級潜水艦が何も為すことはできず、中共海軍の面子は潰された。

中共版の「新軍備計画論」とは

ここで戦前の話をしておこう。歴史はまさに繰り返しているからだ。

一九四一年一月、つまり大日本帝国が対米開戦する、その約一年前に、帝国海軍の航空本部長であった井上成美《いのうえしげよし》が、「新軍備計画論」という、警告と提案を織り交ぜた文章を海軍軍令部に提出している。それは結局、軍令部総長の永野修身《ながのおさみ》大将に握りつぶされて戦中は日の目を見なかったが、日米戦争の実際の推移をきわめて正確に予言していたので、井上が戦後になって公表させ、評判になった。

井上中将（当時）は、中共軍が夢想している「アンチ・アクセス／エリア・ディナイアル」

（シナ沿岸に米海軍を近寄らせない軍事政策）の先駆を、そのなかで提言していたのだった。

――米国は必ず日本の最大の弱点であるシーレーン、それの遮断を企図して潜水艦隊を送り出してくる。日本がそれを阻止するためには、米海軍と同じような艦隊決戦向きの戦艦など建造している場合ではなく、むしろ洋上の外国領の島を、わが本土に近いところから逐次占領していき、それらを航空基地化して、洋上制空によって敵潜水艦や水上艦の接近を拒否し、南洋や満州から日本本土へ諸資源を還送する航路海域を堅く守備しながら、長期持久戦を考えるしかない――と井上成美は結論している。

中共海軍は、この井上理論を基本的に採用したようだ。まずパラセル諸島、ついでスプラトリー諸島と、近いところから、奪える限りの島嶼《とうしょ》を順次征服（最終目標は石油の出るパラワン島とボルネオ島）。島の地積が足らなければ、海底の砂を盛り上げてどしどし飛行基地も造成する（ドイツの造船所から購入した六〇〇〇トンの巨大浚渫船《しゅんせつせん》が活用されている）。

シナ本土からの航空作戦の切り札としては、既存の「轟《ごう》6」双発爆撃機や新開発の「殲20」ステルス攻撃機を充てる（つまりそれらが戦前帝国海軍の「一式陸上攻撃機」や、冷戦期ソ連がオホーツク沿岸に展開した「バックファイア」攻撃機の代役というわけだ。ロシアは中共に「バックファイア」を売らぬ方針であり、そのため「殲20」が対艦ミサイル運搬機として開発された）。

また井上が、「こちらの潜水艦は敵主力艦を付け狙うのではなくて、敵国沿岸に対する遠征攻撃に使うのがいちばん効果的だ」と予言したのにも倣《なら》って、中共海軍も、多数の潜水艦による外国領海への機雷敷設作戦を専《もっぱ》ら計画しているところである。

中共艦隊の二大欠陥

中共は過去一〇年で軍事支出を四倍にしている。そして、海軍とコーストガード(最初は「海監」等と称したが、いまは「海警」に統一された)を大増勢させた。

これは台湾を武力で回収するためではない。米国には台湾を防衛する条約上の義務(旧・米華相互防衛条約=現・台湾関係法)があるから、そんな直接侵略を始めたなら「米支戦争」になり、中共は亡びてしまう。

あくまで武力は「見せるだけ」にして、その武力の脅しをバックに間接侵略工作を仕掛けて台湾を併合しようというのだ。それにつけても、艦艇を増やすことは、対外宣伝効果として視覚的にいちばん分かりやすいだろう。

予算面で陸軍や空軍や第二砲兵以上に優遇されるようになった目下の中共海軍の肚積《はらづ》もりでは、二〇二〇年までに潜水艦を七八隻とし、米海軍に追い付くのだという。

その潜水艦の最大の基地とする予定なのが、海南島だ。旧ドイツ海軍の潜水艦用「ブンカー」（岸壁に厚いコンクリートで巨大な洞窟壕《ごう》を設け、そのなかに潜水艦を碇泊《ていはく》させることで、接岸補給中の空襲損害を防ぎ、偵察衛星からも見られないようにする）に似たコンセプトのトンネルが同島には掘りめぐらされ、二〇〇七年から潜水艦出撃拠点としての運用を開始した。

その海南島に米海軍を近寄らせないようにするための水上艦隊も、一九八八年までは南シナ海を遊弋することも不可能なありさまだったものが、二〇〇七年までにはなんとか面目を一新できた。いまでは井上成美が唱えた「攻略艦隊」（水陸両用作戦艦隊）もできあがって、あと一歩でボルネオ島まで手がとどくというところだ。

今日では、海上の石油掘削リグから、地中を横方向へ数キロも掘り進んで、位置の離れた油溜まりから原油を吸い上げることもできるようになっている。

しかし、旧日本海軍のように、幕末以来の「国民国家の自衛・独立」という切実喫緊《せつじつきっきん》な要請から苦労を重ねて成長してきた組織ではなく、鄧小平の政治的思惑（陸軍牽制政策、新地盤扶植政策）によって急膨張させられていい気になっている中共海軍には、「組織の実力を客観的に検討し反省する」というチェック機能が、根本から働いていないようである。

米海軍にいわせれば、中共海軍など、開戦から数日にして機能を完全に停止させられるレベルの陣容でしかない。その理由は無数にあるけれども、紙幅の関係で重大なもの二つを挙げれば、「対潜能力がゼロ」「掃海能力がゼロ」ということに尽きる。

対潜能力向上の最重要ポイント

対潜作戦は、たとえば、ロケットで発射したりヘリコプターから落下させる対潜魚雷、もしくは爆雷のような「一個の兵器要素」だけで結果が期待できるような甘い世界ではない。巡洋艦や駆逐艦よりも軽量の、したがってソナー（水中聴音機）やコンピュータがそれだけ非力たらざるを得ないフリゲート艦やコルベット艦が「ロケット式魚雷投射システム」を搭載したからといって、その水上艦が敵潜水艦を撃沈できることにはぜんぜんならないのだ。

中共軍の将来の敵となる各国の潜水艦の側にも、いろいろな対策がある。それらは日進月歩である。逆に敵の潜水艦からの魚雷やミサイルで、水上艦が返り討ちに遭う可能性がある。「対潜水艦用ホーミング魚雷」の水中での駛走《しそう》距離は、三キロくらいしかない。海はとにかく広い。だからまずピンポイントで敵潜水艦の位置を絞り込んでから発射（もしくは航空機から投下）しないと、ことごとく無駄射ちに終わる。

しからば、どうやってピンポイントで敵潜の位置を絞り込むのか？

「対潜能力」は、すべてがここにかかってくる。

平時から、味方の潜水艦や海底固定ソナーによって継続して蓄積した各種情報と、その統計学的な解析予測に基づいて、多数の洋上航空機（特に対潜哨戒機）を効率的に駆使したときに、今日の「潜水艦狩り」は実現するのだ。

まさしく井上成美が予言したように、洋上制空ができる側は、敵の潜水艦も寄せ付けなくなるのである。潜水艦から敵の対潜ヘリコプターを撃墜するミサイルというものも、あるにはあるけれども、潜水艦から、高度六〇〇〇メートルを高速で飛ぶ対潜哨戒機を撃墜する方法はない。

大戦時の日米偵察機が教えること

旧日本海軍も、ソナー付きの駆逐艦や駆潜艇や爆雷をたくさん持っていた。しかし、航空機による洋上哨戒を濃密になし得なかったので、米軍の潜水艦から実際に雷撃されるまで米潜の存在そのものに気付かなかったことが、あまりにも多かった。

米軍の駆逐艦のようにレーダーがあれば潜望鏡を発見できるのだが、目視の見張りだけでは、暗夜や濃霧中の潜望鏡を発見しようもない。逆に米軍の潜水艦は、暗闇をレーダーで透かして日本の艦船の位置を標定《ひょうてい》できたのだから、これでは勝負にもならなかったわけだ。

どのような戦争でもそうなのであるが、ことに洋上の戦いでは、「敵はどこにいるか」を敵よりも先に知り得ない側、もしくはうまく予想し得ない側には、統計学的に勝利のチャンスは薄い。蛇足《だそく》ながら、この「統計学」という数学の分野にしてからが、第二次世界大戦中に米海軍が数学者を使って対潜作戦の助言をさせたことによって、今日のような発展を遂げたものであった。

対潜作戦に関して、旧日本海軍は歴史的な悪い見本であった。そもそも、西太平洋域にやってくる連合軍潜水艦の出撃基地が、豪州西岸の「フリーマントル港」にあったという事実すら、戦争に敗れるまでつかんでいなかったのだ。もし分かっていたら、こちらの潜水艦で港の出口に機雷を撒くことにより、敵潜水艦隊の動きをかなり妨害してやれたのだが……。ボンヤリにも程《ほど》があるだろう。

また巡洋艦や空母に搭載して「対潜哨戒」させることのできる艦載機や艦上機（海軍では航空母艦搭載機を艦上機といい、それ以外は艦載機という。ただし戦中の日本の新聞・ラジオはどちらも艦載機と呼んだ）にもロクなものがなかった。日本海軍のエリートたちは、そんなものはどうでもいいと思って、技術者にいちばん肝腎《かんじん》なリクエストを貫徹させなかったのだ（対潜作戦の緊要性を理解した井上成美も他に要務があるから、そんな細部の面倒まで見きれない）。

日本の各都道府県に数校しかない「旧制中学校」（今日のAランク高校に相当する）を首席か二番で出るような男子たちが「海軍兵学校」に集まって切磋琢磨《せっさたくま》し、海軍将校に任官していた。その超エリート集団の彼らが「宜《よろ》しい」とした日本の複座以上の艦上機・艦載機は、いずれも「下方視界」がほとんどないデザインだった。

特に偵察員が座る後席の真下の両側に巨大な面積の主翼が広がって、前下方視野も後下方視野も塞《ふさ》いでいたために、雲間から一瞬だけ見えるような敵艦や「潜望鏡の航跡」があっても、それを見逃してしまいやすかった。

単発エンジン機を洋上の偵察に使うためには、それなりの主翼や座席のレイアウトが必要なのだという、米海軍にはよく分かっていたことが、日本の航空機開発者たちには思いもおよばなかったようだ。海軍幹部も「偵察」の重大さを真剣に考えていなかったから、「零式《れい》三座水上偵察機」（ミッドウェー海戦の敗因の一つをつくった艦載偵察機）のような悪いデザインが了承されてしまったのだろう。

日本は、必要な知識の総合力において、敗れるべくして敗れたというしかない（以上に特に興味のある人は、「零式三座水偵」「ドーントレス」「キングフィッシャー」といった戦中に偵察任務に使われた日米海軍機のプラモデルをつくって比較すると理解が容易だろう）。

マレーシア機墜落で露呈した実力

いまの中共海軍は、戦前の帝国海軍と同じコースを迷走している。それを偶然に実証したのが、二〇一四年三月八日にシナ人の乗客一五〇人などを乗せて忽然《こつぜん》と消息を絶ったマレーシア航空「MH370便」を捜索するために、中共海軍が用意した飛行機である。

――なんと彼らは、対潜哨戒機を現場海域に投入することができなかった。

豪州西岸にあるパースの飛行場が提供されて、各国のP－3哨戒機やP－8哨戒機はそこから現場海域の捜索に飛んだのに、彼らだけは「イリューシン76」という大型輸送機をパースへ二機派遣して、目視で海面を捜索させるしかなかったのである。

このロシア製の輸送機は、非舗装の草原を飛行場代わりに着陸するための便宜として、機首下面がガラス張りにされている。着陸の前に低空で一回飛び過ぎることにより、地面の状態をよく見定めることができる設計なのだ。

目視捜索は海上救難でも多用されるのだけれども、手順としては、最初はまずレーダーや熱線センサーで探し、それでも見つからないときに目視に切り替えるものだ。輸送機には、赤外線カメラで海面を探す機能なども付属していない。海面に靄《もや》がかかったら、どうしようもないであろう。

洋上の小さな潜望鏡のような物体を発見するために特化したレーダーや暗視偵察装置を持っているのが、たとえば海上自衛隊の「P－3C」や米海軍の「P－8」だ。中共海軍には、それに相当するような「対潜哨戒機」は、なかったのである。

対外宣伝では「Y－8洋上偵察機」というものが一九九八年から「ある」ことになっていた。が、その機体は大量生産されてもおらず、結局、失敗作だったので、インド洋に持っていくことはできなかったのである。

中共は当初、「ツポレフ154」型旅客機に合成開口レーダー（動かない物に対して動きながらレーダーを照射して、写真のように精細な映像を得る）を取り付けた改造機一機を、ベトナム政府の事前許可を得て、マレーシア近海へ飛ばした。

これは、平時に米海軍の空母艦隊の運用を、一〇〇キロ以上離れた空から詳しく観察しようという装備で、実戦になったら空母の直衛戦闘機に追い払われて姿を消すしかないものである（空母の四〇キロ外縁には、ミサイル駆逐艦とミサイル巡洋艦が併走しているので、その艦対空ミサイルでも撃墜されかねない）。

しかも中共軍は、これをマレーシアのスバング空軍基地や、豪州のパースに派遣することはせず、直帰させた模様だ。虎の子の改造機の「実力」の程を、他国軍に詳しく知られてしまうのが厭《いや》だったのだろう。人命よりも面子が大事という御国柄《おくにがら》だ。

次に、陸地に近いアンダマン海を捜索する航空機のために、マレーシアのスバング空軍基地が提供されたので、中共軍はそこに「Y－8」の輸送機型を一機だけ派遣した。中共発の報道写真を見れば、それが対潜装備されていない、ただの輸送機型であることが分かる。

魚雷を持っていても対潜能力ゼロ

中共海軍は、米海軍のイージス艦に刺激されて、二〇〇五年までに、対空ミサイル戦闘を重視した『０５２Ｂ型（ＮＡＴＯ呼称・広州《こうしゅう》級）』と『０５２Ｃ型（蘭州《らんしゅう》級）』を就役させた。さらに今日では『０５２Ｄ型』だとか『０５１Ｃ型（瀋陽《しんよう》級）』（練習空母の護衛役になっている）といった、いずれも「イージスもどき」の外見を纏《まと》ったミサイル駆逐艦をデビューさせ、その能力改善に汲々《きゅうきゅう》としている。

しかし、中共艦隊の対潜機能に遺漏《いろう》がないかといえば、その不備はありありとしている。多くの中共海軍の水上艦が、自艦のノイズに邪魔されない曳航《えいこう》式のソナーを有せず、艦首固定ソナーと、対潜ロケット爆雷しか持っていない。『０５２型』駆逐艦や『０５４型（江《こう》凱《がい》級）』フリゲートの艦首ソナーはひどく小さく、それが形だけのものであることはまる分かりである。

ロケットで投射する対潜用ホーミング魚雷は、中共海軍ではようやく二〇〇一年頃から採用された。魚雷そのものは外国製のリバース・エンジニアリング（分解摸造）によっている。装備艦もまだ少ない。輸出も心がけているけれども、買った国は一つもない。

ホーミング魚雷はロボット兵器そのものであり、しかも「対潜作戦指揮システム」と連動しなくては、その機能を発揮できない。単体として「安い」だけでは誰も買わないのだ。

この魚雷の駛走《しそう》距離は三キロくらいだが、高性能潜水艦ならば、ロケットが数十秒かけて

『052C型』駆逐艦の対潜ロケットは射程３マイル

飛翔してくる間にかなりの位置移動をしてしまうから、その未来位置へ精確に落としてやれるシステムになっていない限りは、魚雷が水中に突入した直後に目標艦を探知することができず、ムダ射ちに終わる。

中共海軍は、対潜ヘリの数も、予算の規模と不釣り合いに、異常に少ない。艦艇は余っているのにその出動時にヘリなし、ということがよくある。

「直９Ｃ」という駆逐艦用の艦載ヘリは、エンジンが非力であるために、西側の対潜ヘリが積んでいるような「対潜情報プロセッサー」（重いコンピュータである）が搭載できない。つまり格好だけの対潜ヘリで、いくら魚雷を持っていても対潜能力はゼロだ。

西側の対潜ヘリが普通に運用するディッピング・ソナー（吊り下げ式聴音機）をまともに運用できるのは「直18」という、フランスの技術を用いた大型ヘリだが、その寸法が大き過ぎ、『052C／D型』駆逐艦（曳航式のパッシヴ・ソナーや、暖かい海面でも機能が低下しない可変深度ソナーを持つ）には積めない。強襲揚陸艦《ようりくかん》か空母のような「フラットデッキ艦」でしか運用ができない。

第一列島線を越えさせない機雷

米海軍は対潜兵器システムの先頭ランナーである。その米国ですら、一つの対潜システムを完熟させるのにどれほどの苦労をしているか、ここで「キャプター」という対潜水艦用のロボット機雷を例にとって、確認しよう。

「最新兵器を完成した」というシナ人の常套的《じょうとうてき》な宣伝文句の嘘くささを嗅《か》ぎ分けるには、こうした実例をいくつも覚えておくことが有益である。

このキャプター機雷だが、近未来の対支有事の際、米海軍が東シナ海や南シナ海の、比較的水深のあるポイント（そこは潜水艦が好む）に敷設《ふせつ》することが確実な「待敵兵器」の一つだ。おそらくはこの装備と、浅海面用の「沈底式機雷」の組み合わせだけでも、中共の潜水艦隊は、「第一列島線」を越えるどころか、軍港から一歩沖に出たところで次々と沈められるしかないはずである。もちろん、外洋から軍港に帰り着くこともできまい。

第一次世界大戦と第二次世界大戦で、ドイツの潜水艦の行動を制するため、連合国軍は大西洋と地中海に「機雷堰《せき》」というものを何ヵ所か構築した。ワイヤーネットと多数の触発機雷を組み合わせて、海のなかに「越えられない壁」を設けようとしたものであったが、何万個もの機雷を使用するわりには、効果は小さかった。

第二次世界大戦後は、共産圏の潜水艦が、核兵器を持って忍び寄り、米本土に奇襲攻撃をするかもしれないと考えられるようになった（当時のそんな米国人の心配を投影しているのが『ヘル・アンド・ハイ・ウォーター』という一九五四年のカラー映画。リチャード・ウィドマーク演ずる元潜水艦長が、日本の北方の島で起きた謎の核爆発を調査すべく旧日本軍の潜水艦で出動し、中共の潜水艦と交戦する。政治色がありすぎるとしてフランスでは公開不許可になった）。

そこで、「機雷堰」の一〇〇分の一のコストで敵の潜水艦の深海通過を阻止できるような対潜水艦専用のロボット機雷の研究が、一九六二年から米海軍で始められた。構造は、カプセルのなかに「対潜誘導魚雷・マーク46」を収納し、それを、錨《いかり》のついたワイヤーで海中（深さ三六〇メートルから九〇〇メートル）に固定する。敷設するためには、艦艇や飛行機から投下してもいいし、潜水艦の魚雷発射管から放出してもよい。

名称は、「カプセル入り魚雷」の短縮称から「CAPTOR（キャプター）」となった。

このキャプター機雷は、水上艦船は攻撃しない。潜水艦、それも、「音紋」を識別して、敵国の潜水艦が真上を通過したときにだけ、ホーミング魚雷を発射する。

このようなソフトウェアは、世界中の潜水艦の音紋を収集してカタログ化していないと、つくれない。米海軍には、それが可能だった。

魚雷は、駛走距離が七三〇〇メートル。捜索モードではS字または円周を描く。接近するとアクティヴ・ソナー（自ら音を出してその反射を聴く）も使用。炸薬は四五キロである。電池の寿命は、仕掛けてから一年未満だと想像されている。

メーカーへの製作発注が一九七二年だった。その試作品は一九七四年にできあがる。しかし、敵潜水艦ではないものに対しても反応してしまうという欠点があり、その修正を続け、部隊に渡せるようになったのが一九七九年であった。さらに、実際に使用してもいいという太鼓判は一九八〇年に押された。

その後も、システムが複雑すぎて信頼性が不安だという文句が出たりして、いったん一九八二年まで生産がストップした。最後に大量調達されたのは一九八六年度予算で、当時の単価は三八万ドルであった。計画から完熟まで二〇年以上もかかったことになる。

ソ連の潜水艦を封じ込めるのに十分なストックが米軍にはあったので、その後、中共の潜水艦がいくら増やされようとも、キャプター機雷は数量的には間に合っているようだ。一九九一年以降、旧ソ連のおびただしい潜水艦が、あっという間にスクラップの山と化してしまった。だから、むしろ余り気味なのかもしれない。

掃海部隊が存在しないがために

中共海軍は、対外宣伝とは裏腹に、「敵潜水艦を探知して撃沈する」能力が自分たちにまるで欠けていることを自覚している。

そこで彼らが選び得る唯一の「対潜水艦作戦」とは、各種の機雷を撒《ま》くことだ。できるだけ敵の軍港の近くに、旧式のディーゼル電池式潜水艦を使って、開戦劈頭に、こっそりと機雷を敷設してしまう（新式の潜水艦は、グアム島などの敵航空基地に対する巡航ミサイル発射のために使われる）。また、主要な海峡や、自国本土の沿岸にも、大量の機雷を撒く。それによって、米軍や自衛隊の高性能潜水艦がシナ大陸には近づき難くなるようにする。……これが、中共軍が考えている「対潜水艦作戦」のすべてなのだ。

機雷は、ごく原始的なタイプであっても、敵艦隊に極度の慎重さを強いることができるという点で、中共軍にはおあつらえむきの兵器だ。なにしろシナ大陸の沿岸や南シナ海は、浅い。吃水《きっすい》二一メートルを超えるような大型タンカーやバラ積み貨物船が座礁の心配なく出入りできる港湾は、中共本土にはほとんど見あたらないほどだ。

水深が二六メートル未満の海面では、仕掛ける機雷に面倒な「繋維索《けいいさく》」というチェーンを付ける必要がなくなる。五〇〇キロくらいの普通の投下爆弾に、艦船が頭上を通過するときの音響や磁気などに感応して起爆する信管をとりつけて、海底に点々と置くだけでいい。

これらは潜水艦による隠密敷設の他に、飛行機や漁船からでも撒《ま》ける（漁船から機雷を撒く演習を中共海軍は実際にさせている）。まったく安いもので、万単位で量産しても、たいした金額ではない。そしてそれが一個爆発しただけでも、真上を通過する艦船は損壊し、作戦や航海は継続できなくなる。しかも後続の敵艦は、完全な掃海が終わるまではその海面を避けざるを得ないだろう。

沈底式機雷を掃海するのはとても面倒なもので、何週間もかかるのである。それだけの時間を稼げれば、ボルネオ島の占領を既成事実化できるかもしれない。

ソ連は冷戦中、どんなに努力しても米軍のキャプター機雷のコピー品をつくることができなかった。その代わり、敵潜水艦の接近を感知するとロケットが深海から急速に上昇して爆発するという、独特な機雷を考えた。中共は一九九〇年代後半に、それを摸造したという。上昇中に舵《かじ》を切れるホーミング式もあり、その場合の攻撃半径は三キロになるともいう。ただ、実戦で使われたことは一度もないものだから、調子のほどは未知である。

中共だけが実用化している機雷としては、「漂雷」がある。これは浮力を調節して、海面に顔は出さないギリギリの浅い海中を、どこまでも潮流に乗って漂っていくという、危ないコンセプトだ。ソナーを持つ軍艦ならば前方にある水中物体を探知できようが、商船では、いくら見張りをしていても気付かずにぶつかり、炸裂させてしまう。もちろん敵船も味方船も見境がない。

中共にとって、こうした機雷戦は諸刃《もろは》の剣《つるぎ》だ。

普通、機雷を仕掛ける作戦を考えている海軍には、「掃海」艦隊も充実しているものである。しかし中共海軍には、なにを考えているのか不明だが、専用の掃海部隊が、事実上、存在しない。敵が仕掛ける機雷だけでなく、自軍で仕掛けた機雷すら、効率的に除去することができないのだ。繋維式機雷に関しては、漁船を徴用して網でひっかけるという掃海法に頼る気でいるらしい（きっと多数の漁民が爆発により殉職《じゅんしょく》するであろう）。しかし沈底式機雷や「漂雷」になれば、ほとんどお手上げだろう。

中共体制が機雷で滅亡する理由

掃海部隊がないということは、機雷を敷設した位置座標を克明に記録するという、先進国海軍では当たり前の作法がないことをも意味する。これでは、戦後になっても機雷を除去でなるだろう。

ベトナムやフィリピンのような弱小海軍国でも、意図的に中共を滅ぼしたいと思ったなら、それは簡単にできてしまう。安い潜水艦を何隻か買い整え、その潜水艦に、魚雷の代わりに、たくさんの沈底式機雷を積み込んで、マラッカ海峡や、シナの主要港湾近くの沿岸にこっそりと撒く。それだけでも、中共は終わる。

中共海軍には「対潜作戦能力」と「掃海能力」の二つが欠けているので、阻止しようがない。中東産の石油も、豪州産の石炭も、シナの港には半永久的に入らなくなるだろう。

それのみか、機雷で一隻でも商船が損傷すれば、その海域は、メジャーな保険会社の「海上保険」の適用外に指定されてしまう。つまり、船舶や積荷が沈んだり毀損《きそん》した場合、その船のオーナーや荷主は丸損だから、もはや外国籍の商船は、シナ沿岸には近寄れない。外国人船員組合だって、乗務を断るであろう。

機雷が完全に除去されない限り、戦争状態が終結しても、世界の保険会社は、南シナ海や東シナ海や黄海を通航する予定の商船について、新規の保険契約を拒み続けるしかない。引き受けるとしても、法外な保険料を要求される。するとシナの輸出商品には、価格競争力がなくなってしまうだろう。その状態がずっと続くと分かっているのだから、外国人の投資家も事業家もみんなシナから逃げ去ってしまう。

機雷で経済活動の規模は半分に

もっかのシナは、世界最大の輸出国で、かつ世界第二位の輸入国だ。

エネルギーだけを見ても、一九九三年には石油の純輸入国になり、二〇〇八年には天然ガスの純輸入国になり、二〇〇九年には石炭の純輸入国になり、そして同年にシナは、世界最大のエネルギー消費国になった。

シナのＧＤＰも、決定的に貿易に依存している。アメリカが二二・〇%、日本が二五・一%しか貿易には依存していないのに対して、シナ経済は四九・五%が貿易頼みなのだ（二〇一一年統計値。ちなみに韓国は八七・四%である）。

誰が機雷を撒いても、シナはたちどころに外貨を稼げなくなり、エンジン（たとえば船舶用ディーゼルの主要部品は外国製に頼っている）などの産業に不可欠な機械類が製造できなくなり、エネルギーの輸入もできなくなって、経済活動の規模は一挙に半分以下に落ち込んでしまう。広島・長崎の原爆や、東京大空襲でも、そんな停滞は結果し得なかったのに……。

二〇一三年の統計値で、シナの貿易物資の八五%以上（トン・ベース）は、海運によって搬出されたり搬入されたりしている。当然、それはシナの運送企業が所有する船舶だけで賄《まかな》い得るものではない。コンテナ船の八割、石炭などのバラ積み貨物船の七割、原油等のタンカーの六割は、外国船籍の商船がシナの港に立ち寄ることによって運送されているのだ。

自動車工業が集中している揚子江《ようすこう》地域を例にとれば、豪州などから運ばれてきた石炭や鉄鉱石の八五％は、河口付近の港で「沿海船」（日本でいう内航船）や「内江船」（河用の運送船・艀《はしけ》など）に小分けされて工場に届けられている。石油もほぼ同様である。

輸出品の自動車等は、吃水が九メートル程度の自動車運搬船によって河を下り、そのまま海外市場へ送られている。だが河口の前に広がる東シナ海の大陸棚に機雷が撒かれれば、この物流の一切が止まる。それでも原油の四割を中共所有のタンカーで搬入して、軍隊の作戦継続だけはできるようにするだろうか？……まず無理だろう。

中共に入港する原油タンカーの八割が、マレー半島とスマトラ島の間にあるマラッカ海峡経由だ。ロンボク島とバリ島を隔てるロンボク海峡を通ってくるタンカーは一％だけである。

載貨重量が二〇万トンから三二万トンの大型タンカーを「ＶＬＣＣ」と呼ぶ。このクラスまでの原油タンカーは、満潮時であるならば、満載状態でマラッカ海峡を通過できる。しかし満載のＶＬＣＣの吃水長が二一メートルくらいになるのに対して、マラッカ海峡の最浅部の水深は二二・五メートルしかないので、干潮時には通れない。機雷をちょっとでも撒かれれば、ＶＬＣＣが座礁して、海峡は全面的に使用不能になる。

原油タンカーがマラッカ海峡を迂回《うかい》する場合は、水深が最浅でも六九メートルあるロンボク海峡を通らねばならない（スマトラ島とジャワ島の間にあるスンダ海峡は浅いため、VLCCは通れない）。

しかし、ロンボク海峡を抜けたあとの中共タンカーは、マカッサル海峡（スラウェシ島の西）を北上し、ボルネオ・サバ州とスル諸島の間を抜け、パラワン島とカラミアン諸島の間を抜けて、最寄りの広州湾を目指すことになる。スプラトリー海域を含めて、ことごとく浅瀬だらけで、大型タンカーが航行できる航路は限定される。だから沈底機雷が有効である。

すると、大連《だいれん》、秦皇島《しんのうとう》、天津《てんしん》、青島《チンタオ》（山東省）、連雲《れんうん》、上海《シャンハイ》、黄埔《こうほ》、湛江《たんこう》といった重要港では、閑古鳥《かんこどり》が鳴くであろう。そして中共海軍用の浙江《せっこう》省・鎮海《ちんかい》基地の製油所タンクには、ロシアのタンカーも近づけなくなるであろう。大連、青島、舟山《しゅうざん》の製油所も、同様だ。

これに対してわが国は、シナ沿岸の機雷によっても物流を止められてしまうような地勢にない。商船は豪州を大きく迂回できるほか、二〇一六年以降にパナマ運河が拡張すれば、パナマ廻りでも中東の原油や天然ガスを輸入できるようになるからだ。

もし逆に、中共がわが国を核攻撃してきたような場合には、海上自衛隊と航空自衛隊は中共の沿岸に各種の機雷を敷設することによって、中共の「レジーム・チェンジ」を促すことになるだろう。

第三章　中共の核は使えない、軍は統御できない

北京が核攻撃を受けるとどうなる

「C君」は毎日ピザを食べた腹ごなしに、サンドバッグを叩いて腕っ節を鍛えている体重一〇〇キロのハードパンチャーだが、ある夜道で、急に頭に買い物袋をかぶせられて「辻斬《つじぎ》り」的に打擲《ちょうちゃく》を受けてしまった。犯人の姿は分からないし、C君はその場で反撃のしようもなかった。

犯人はすぐ走り去った。それゆえ、怒って報復をしてやりたくとも、C君には敵が多いので、そもそもどいつがやりやがったのか、一人に絞り込むことができない。数日後にようやく、「襲ったのはどこそこの誰某《だれそれ》だ」という風聞が、C君の耳に届いてきた……。

この「C君」の立場は、中共がいま、「ロシア」「インド」「米国」のどこかから核ミサイルの先制奇襲攻撃を受けたときに陥ってしまう苦境と、まったく同じである。

なにしろ、中共にはいまだに弾道弾早期警戒システム(BMEWS)が、ないに等しいからだ。

北京郊外に、モスクワ方面に向けた一基のフェイズドアレイ・レーダーが置かれているものの、それ以外の方角、たとえば太平洋やインド方面、あるいは沿海州方面から核弾頭が飛来した場合は、「弾道弾で攻撃を受けた」ことを認識するのも容易ではない。

また、モスクワ方向に向けたレーダーにしても、それが停電や故障や破壊工作などで停波した場合、すぐに穴を埋めてくれる第二のレーダーサイトが置かれていないのだ。

このため、ある日、水爆ミサイルが北京の中南海の頭上で炸裂したあとで、「国外からの突然の核攻撃」という事態を認定するほかないという情況が、普通に考えられる。

最初の一発を、どこの誰から射たれたのか、それの断定ができないままに、ただちに核戦争（報復攻撃）の指揮をしなければならないわけだ。素人《しろうと》が想像しても、これはムチャクチャな問題放置であり、開き直りだということが、分かるであろう。

弾道弾早期警戒システムの役割

弾道弾早期警戒システムの歴史を振り返ってみよう。

ソ連が一九五七年に、弾頭に水爆を載せられる「大陸間弾道弾（ＩＣＢＭ）」のプロトタイプを完成させると、戦略爆撃機の優位の上にあぐらをかいていたアメリカも、二年遅れてそれに追随することを迫られた。

米国が弾道弾開発をしないでいたのは、第二次世界大戦でドイツはロンドンまで届く短距離弾道弾を持っていながら、米軍のＢ‐17大型爆撃機に叩かれまくって負けたではないか——との記憶が鮮やかだったためだ。しかし、いまや軽量で大威力の水爆の完成が、この事情を一変させたのだと米国人も気が付いた。

以来、米ソは、相手国の方角から宇宙空間を飛来する物体（ＩＣＢＭの中間コースは大気圏外なので）を、強力なレーダーによって見張り合うことになった。

米国は、少しでも早くソ連のミサイル発射を探知すべく、自国領土の北縁をなすアリューシャン列島やアラスカのみならず、友好国領土たるカナダやグリーンランド（デンマーク領）の土地まで借用して、大型の宇宙監視レーダーを配列した。これが初期の弾道弾早期警戒システムだった。

人工衛星は、地球を九〇分で一周する。地球の裏側までの半周だと四五分である。

米ソ間でＩＣＢＭを飛ばすと、着弾までには三十数分前後かかる。もし自国のミサイル・サイロ（ＩＣＢＭを格納している鉄筋コンクリート製の垂直壕）に敵の水爆弾頭が着弾するよりも十数分ほど前の時点で、余裕をもってその飛来に気付くことができたら、理論的には、両国の指導者は、「では、それが着弾する前にこちらからも発射してしまおう」と決心して、実行させるだけの時間を稼げる。これを「ラーンチ・オン・ウォーニング（飛来警報下の即応発射）」という。

自国の核報復力が敵の先制攻撃によって全滅させられ、いきなり「国家の武装解除」状態に陥ってしまうことを避けるためには、これは有効なドクトリンだ。

実際には、迎撃用のＩＣＢＭのロケットを、かなり即応性の高いもの（たとえば固体燃料ブースターや、注入したまま何ヵ月もスタンバイさせておける液体燃料ブースター）に改善したうえで、「早期警戒衛星」（静止軌道から赤外線スコープで敵国の発射基地を常時見張り、大型ロケットの上昇時に特有の熱線を探知したなら地上に警報を伝える。米国は一九七〇年に第一号機を打ち上げた）も併せて運用しないと、「ラーンチ・オン・ウォーニング」の時間を稼げるほどの弾道弾早期警戒システムは完整しない。

それでも、相手側の戦略ミサイルが、こちらのどの目標を狙うものなのか——たとえば、首都を含む大都市すべてか、それともミサイル・サイロを含む限られた軍事目標か——を、着弾前に指導者が承知できるというだけでも、地上に配した大出力で高解像度の監視レーダーに投資する価値はあった。

それは、どの国がＩＣＢＭを発射してきたのかの確認を助けてくれるだろう。そのうえでその敵国が、最初から全面核戦争を挑みたいのか、それとも段階的拡大を考えているのかの見極めも可能にしてくれるからである。

ロシアの中距離弾道弾の脅威

じつは、毛沢東《もうたくとう》は、一九六四年以降、水爆弾頭付きの長距離弾道弾を開発させるのと並行して、中共版の弾道弾早期警戒システムも構築させようと考えた。

当時、既に米ソは、大陸間弾道弾だけでなく、それを迎撃するＡＢＭ（対弾道弾ミサイル。小型の原爆を弾頭に取り付けた、射高〈迎撃高度〉の大きな地対空誘導弾）の開発競争も始めていた。

ＡＢＭに不可欠の前提は、やはり弾道弾早期警戒システムであった。

その弾道弾早期警戒システムの核心的なコンポーネントは、大型フェイズドアレイ・レーダー。すなわち「縦数十メートル×横数十メートル」という巨大なレーダーを、機械的には首振りさせないで、電波が飛んでいく角度だけ変化させられるように工夫したアンテナであった（このほかに「ＯＴＨレーダー＝超水平線レーダー」という、短波や中波を使う特殊な巨大レーダー施設も早期警報の役に立つのだが、飛来する核弾頭を精密に追尾できるようなものではない。ここでは紹介を略す）。

毛沢東は、「矛《ほこ》と盾《たて》はどっちも必要だ。五年でＡＢＭをつくるのが無理ならば一〇年かけてつくれ。一〇年でできなければ一五年かけてつくれ」と、中共の核兵器開発のプロジェクトリーダーに発破《はっぱ》をかけた。それは一九六四年二月六日だったという。同年一〇月に、ソ連ではフルシチョフが失脚して、壮年で精気の充実したブレジネフが指導者の座に就いている。

当時、米国がＩＣＢＭで北京を攻撃する可能性は低かった。なぜなら、米海軍がシナ沿岸に、核弾頭付き巡航ミサイル「レギュラス」を搭載した潜水艦を遊弋《ゆうよく》させていたからだ（のち、「ポラリス」という水中から発射できる弾道弾に交替）。

また沖縄基地には、米空軍が「メイス」という核弾頭付きの地対地巡航ミサイルを、北京に向けて多数並べていた。沖縄や韓国や航空母艦から、戦闘攻撃機によって核爆弾を北京まで運搬して投下することも、米国には意のままであった。

したがって、わざわざ貴重な大陸間弾道弾など消費する必要はない。

中共軍のほうでも、普通の爆撃機を見張る防空レーダーを使えば、ポラリスを除くそれらの海側からの脅威は、警戒・探知ができる。それで、被弾までに数時間の余裕は稼げそうであった。

北京を攻撃する手段として中距離弾道弾を使うのがいかにも合理的であったのは、ソ連であった。ソ連は保護国のモンゴル領内に、北京を奇襲的に破壊してしまえる中距離核ミサイルを置くことができたからだ（シナ人はモンゴルがすべてシナ領であると思っていたので、対抗上、モンゴルはロシアと危機意識を共有した）。

ロシアの中距離弾道弾に対する弾道弾早期警戒システムが、北京には必要だったのである。

中共の敵がロシアになった経緯

中共の技術開発チームは一九六七年、核弾頭を搭載した長距離弾道弾の製作に目途《めど》を付けた。ソ連はそれを予期していて、一九六六年にモスクワ周辺にＡＢＭ網を配置した。毛沢東は、「われわれも次はＡＢＭを持たねばならぬ」と思ったであろう。米国がつくっているような巨大なフェイズドアレイ・レーダーの設計が急がれた。

さかのぼると、中共とソ連の関係は、一九五八年以降、急激に悪化していた。ゴビ沙漠からニューヨークまでの距離よりも、ゴビ沙漠からモスクワまでの距離のほうが近い。ソ連は毛沢東が核ミサイルで武装しようとするのに対し、当然のように反対した。

また、「理想世界」に二人の指導者は要らない。

こうして一九六〇年には、ソ連人の技術者が中共からすべて引き揚げ、一九六三年には北京対モスクワの舌戦が火花を散らした。その前年にはキューバ危機もあった。

フルシチョフは、軍需に使っている国のカネをもっと民需に回してやらないと、ソ連国民の生活水準が改善されず（むしろ西側にどんどん格差をつけられ）、世界の共産化どころではない――と判断するようになっていた。

毛沢東は、米国とすぐにも全面核戦争をしたがらないモスクワ指導部を、「修正主義」だと罵《ののし》る。

一九六四年のロプノールでの原爆実験（東京オリンピック開催中であった）の成功後、国内の「修正主義者」を粛清《しゅくせい》しようと欲した毛沢東は、一九六六年から「プロレタリア文化大革命」をスタートさせた。

それに先行する毛の思いつきである「大躍進」政策から引き続いたこの政治的な大混乱のために、中共の経済と科学技術は、一九六七年の水爆実験成功など核兵器や大型ロケットの部門を除いて、一九八〇年代はじめまでの長く恐ろしい停滞期に入った。

一九六九年のウスリー川国境における武力衝突（ダマンスキー島事件）の直後、ソ連軍の機関紙『赤星』は、「現代の極左冒険主義者には核攻撃を御見舞いする」という記事を掲載した。

一方の米国は、ソ連からひそかに打診された「米ソ共同での対支先制核攻撃」案を断り、逆に、そのような誘いかけがモスクワからあったという事実を北京へ通牒《つうちょう》した。

米支は実質的に「反ソ同盟」を組めるのではないかという模索も、毛沢東とキッシンジャー（当時、ニクソン大統領〈任期一九六九〜一九七四年〉の国家安全保障問題担当大統領補佐官）の胸中で始まっていた。

とすれば、中共にとり、当面の脅威は米国ではなくてソ連である。

モンゴル方面からのミサイル対策

そこで一九六九年、モンゴル方面から北京に向かって飛来する中距離核ミサイルを探知するための大型フェイズドアレイ・レーダーが、無理な背伸びであることは承知のうえで、一ヵ所以上、建設されることになった。ＡＢＭ弾頭とするミニ原爆の研究も、あわせて推進された。

弾道弾早期警戒システムを機能させるためには、普段、宇宙空間を周回している衛星などの物体を、あらかじめ全部「カタログ化」しておく必要がある。さすれば、国際情勢が緊迫したとき（ソ連は開戦前に必ず国際宣伝を打つし、核攻撃には必ず他部隊の侵攻も連動するので、動員の兆候もある）に、カタログにない軌道で飛んでくる物体を、ソ連の核ミサイルではないか、と疑いやすい。そのカタログづくりのためにも、フェイズドアレイ・レーダーは早く建設しなければならないのだ。

工事は一九七〇年から始まった。北京から一四〇キロ北西にある、標高一六〇〇メートルの山腹に、「高さ二〇メートル×幅四〇メートル」の大レーダーが、北西の方角に正対して、組み上げられた。

アンテナ背後の山の内部には、地下鉄並みの大トンネルが穿《うが》たれた。その内部は除湿空調され、石油を燃やす発動発電機などの必要な装置を収容した。

電波送出素子を計画の四分の一だけ並べた段階で、テストも実施した。そしてレーダーを作動させると、発動発電機は一日に五〇トンの石油燃料を消費。レーダー面の前方に転がっていた蛍光灯が、電波のエネルギーを受けて、照明器具に取り付けられてもいないのに光り輝いたという。

しかし残念ながら、これら初期の中共製のフェイズドアレイ・レーダーは、すべて期待水準に満たなかった。当時の中共は、どの先進外国からも部品や技術を買いつけることはできず、ダイオード素子やプリント基板にすら事欠いたのだ。

大型フェイズドアレイ・レーダーを構成するために何千個から何万個も必要となる「デジタルフェイズシフター」と呼ばれる回路を、とても国内量産できなかった。

米支間の密約で日本は

一九七一年前後の米支関係について、説明しておくことがある。

読者はこういう疑問を持つのではないだろうか。

――今日、世界第二位の公称ＧＤＰを誇るまでの金満国となりおおせた中共が、どうして旧ソ連みたいにＩＣＢＭを何百基も大量生産して、米国との戦略核戦力のパリティ（対等）

や、ＭＡＤ（相互確証破壊）を追い求めないのか――？

ＭＡＤというのは、もし外国から先制核奇襲を蒙《こうむ》っても、そのお返しに主要敵国の本土の主要都市に、壊滅的な大打撃を与えられることがほぼ間違いないと自他ともに信じられるようなシステム構成の、第二撃（報復）用の戦略核兵力を保持する政策の略号だ。

この、ＭＡＤによる「敵からの第一撃（核奇襲）の抑止」は、核戦力が量的に厳密に対等でなくとも、実現され得る。

中共には、何をするにも資金は潤沢にある。核ミサイル関連の技術も、ほどほどにだが、あることはある。ただ、多弾頭核ミサイルの技術はまだモノにできていない。潜水艦発射式の長距離ミサイルも開発ができていない。が、車両で随所に移動させられる単弾頭の大陸間弾道ミサイルならば、いくらでも量産可能な水準だ。これは敵の第一撃を受けても全滅はしないので、第二撃用としてカウント可能だ。

ミサイル基地用地の確保にも苦しんでいない。シナ奥地には、人が住んでいない広大な沙漠がある。人が多少存在しようと関係ない。住民や通行人の誰にも文句などいわさない。そういう軍用地事情の面でも、特に不自由を感ずることがない。

それならばなぜ、旧ソ連のようなＭＡＤを、中共は選択しないのだろう？

ロシアはついに七〇年間、アメリカから一度も核攻撃を受けなかった。一九九一年にソ連

ロシア最新の移動式大陸間弾道弾「トーポリ」

が崩壊するときにも、その直後にも、周辺国から侵攻されなかった。これは、すべて対米MAD態勢のおかげであった。

選ぶことが可能な便利な道を、敢えて進まないことによって、中共は、安全保障上の、いかなるメリットを得ているのか？　米国から先制核攻撃されたり、米国を後ろ盾とする周辺国から侵略されてもいいと思っているのだろうか？

対米MAD態勢がなければ、中共は、それら周辺国軍相手に戦術核兵器を行使することも難しくなるのである。脅しをかけにくいからだ。

こうした謎を矛盾《むじゅん》なく説明できる仮説があると私は思っている。「一九七一年前後に、米国大統領ニクソンと、当時の中共独裁者たる毛沢東との間で、『ICBM競争はしないでおこう』という密約を結んだから」ではないのか。

このときニクソンは、日本を「切り札」に使った。その頃、日本は経済力の「高度成長」の真《ま》っ只中《ただなか》にあり、それに連れて自衛隊の予算も自然にどんどん増えていた。趨勢《すうせい》として、自衛隊の増強は果てしないのではないかと、北京は心配した。

まずアジアを支配し、ついで世界を支配したいと念願している中共指導部にとり、隣国の日本にすら軍事的に勝てないのでは、格好悪いこと甚《はなは》だしい。

そこでニクソンと毛沢東は、日本を将来も核武装させないことに、共通の国益を見出したのだろう。

一九七一年春、ニクソンは、東京郊外の複数の空軍基地から、核攻撃部隊をすべて撤収させて、米軍が占領中の沖縄の基地や米本土の基地へ移転させた。東京から「核の傘」を撤去したのである。これによって中共は、「東風3」という中距離弾道弾によって、米軍の自動報復を招くことなしに、いつでも東京を破壊できることになった。

その見返りに毛沢東は、中共が将来開発するつもりの、米国まで届くＩＣＢＭの数量を、名目的・宣伝的な意義しかない一二基程度に抑制することを誓った。それだけでなく、そのＩＣＢＭからは普段は水爆弾頭を取り外しておいて、物理的に先制攻撃ができないようにすることや、「ラーンチ・オン・ウォーニング」を考えないことも、約束したのだろう。だからこそ、対米弾道弾早期警戒システムはつくられないのだ。

米支間の唯一の密約が、この「核密約」なのだと私は思っている。

この密約は、米国においては大統領が交代する都度《つど》、そして中共においては毛沢東→華国鋒《かこくほう》→鄧小平→江沢民→胡錦濤→習近平と、党中央軍事委員会主席が代わる都度、口頭で相伝されているのであろう。

しかし、SLBM（潜水艦発射弾道弾）や戦略重爆撃機については、毛とニクソンは何も密約しなかった。だからアメリカは、中共の戦略ミサイル潜水艦の開発や配備の動向には特別に神経を尖《とが》らせている。中共海軍も、SLBMの宣伝を盛んにしてアメリカ人を挑発することについては、党から規制を受けないようである（以上の密約の詳しい背景解説が気になる方は、兵頭二十八の既著『ニッポン核武装再論』（並木書房）や『北京が太平洋の覇権を握れない理由』（草思社文庫）その他によってお確かめくだされたい）。

ソ連と中共の大違いとは

あと少し余談を続ける。読者はもう一つ疑問を持つことであろう。

米国は、ソ連崩壊前から、ロシアとの二国間で、国家の安全を決定的に左右するような軍備管理条約、軍縮条約を、いくつも締結している。

モスクワやニューヨークなど互いの心臓部を破壊できる戦略核兵器の制限に関するもの

だ。その遵守《じゅんしゅ》のためには、米ソ両軍とも、既存の戦略核兵器のいくつかを廃棄して削減しなければならなかったこともある。プロの軍人なら、それに文句をつけたかっただろうが、両軍ともに忠実に従って、文民政府が公的に交わした約束を裏で破ったりしなかった。

しかし、これと似たような条約が、米支間で呼びかけられたことはない。

米軍は第二次世界大戦のあと、いつでも北京などの主要都市やシナ全土の軍事施設を、思うままに核空襲することができた。中共軍も一九七〇年代から、大型ロケットに核弾頭を搭載して米国心臓部を狙うことのできるポテンシャルを手に入れ、一九八〇年代には、米国東部の政治・経済中心地区まで届くＩＣＢＭ（水爆弾頭付きの大陸間弾道ミサイル）を名目的な数ながら展開している。

そしてソ連が崩壊した一九九一年以降は、中共と米国の間では「新冷戦」がスタートしている。

いつ、水爆ミサイルが飛び交うかもしれないという、このあぶなっかしい二国間関係を、米支間で「核軍備制限協定」のようなものをまったく結ばないまま、なるようにしておけばいい——とは、まさか米国の政治家の誰も思っていないだろう。

しかし、それは不可能であったし、これからも不可能であろう。

理由は、中共は旧ソ連と違って文民統制国家ではないからなのだ。

中共は、戦前の大日本帝国とよく似ていて、軍隊が文民政府のいうことに従わないという「勝手気儘《きまま》権」を謳歌《おうか》できるのである。

二〇一一年一月一一日、当時のゲーツ米国防長官が中共を訪れ、胡錦濤と会う数時間前に、中共軍は秘密裡に開発してきた「殲20」ステルス戦闘機の初飛行テストを挙行し、世界を騒がせた。ゲーツおよびその随行員が目撃したところでは、明らかに胡錦濤はそのデモンストレーションについて何も承知しておらず、ゲーツから会談の場で質問されて、うろたえていた。

二〇〇四年から党中央軍事委員会主席であるはずの胡錦濤は、中共空軍を政治的にコントロールできていない、その事実がバレてしまった瞬間だった。

二〇〇七年一月一一日に「第二砲兵」が、故障したまま周回していた中共製の気象衛星を、高度八五九キロで破壊して、宇宙空間に四万個のデブリ（危険な破片）を撒き散らした迷惑なミサイル・デモンストレーションについても、中共外交部の報道官は当初、「それは噂に過ぎない」と記者会見で語るしかなく（後日になって認めた）、政府の文官セクションがこの計画をまったく事前に相談されていなかったことを世界に知らしめてしまった。

ちなみに「一月一一日」が重なっているのは、これは偶然ではない。共産圏では、国際宣伝上の大イベントの日付を、無理をしても意図的に重ねようとするのである。

将来、仮に北京の文民政府が米国ワシントン政府と何か核軍備について細かく規制する協定を結んだとしても、軍人どもはそれを守らずに陰で「ズル」をやらかすであろう。それが、あらかじめ読めてしまう。

否《いな》、おそらくそのような協定の締結そのものを拒否するように、軍人たちが文民政府に迫るであろう。シナの文民政治家には、それも予見できる。だから体面を守るためには、交渉の呼びかけそのものをしないでほしいと、米国に向かって水面下で頼むことになるのだ。

米ソ間では実行され得た、僻地《へきち》の基地にまで陸上から人を派遣しての厳密な「相互査察」も、中共の軍幹部は厭《いや》がって、許さないだろう。衛星による査察は、中共軍のスパイ衛星の性能があまりに低すぎて、相互対等性の確保が図れない。これまた、北京の文民政府には、どうにもできない。

このような政体構造を承知するから、米国のほうも最初から呼びかけないのである。

ところで、毛＝ニクソンの密約が守られているのならば、それは、中共にレッキとした「文民統制」が存在する証拠とはいえないのだろうか？

違うのだ。

この密約が中共の軍人によっても守られ続けている理由は、あくまで、「それが毛沢東の命令だったから」なのだ。鄧小平がいい含めたり、江沢民がいい聞かせたわけでは、ぜんぜんない。中共軍の最高幹部もただ、死んだ毛沢東の遺命ゆえに、それを秘事として伝承し尊重するのだろう。

鄧小平の没後は指導者不在

今日の中共を動かしているのは、「国家主席」でも「ナントカ委員会総書記」でも「なんたら委員会主席」でもない。それらを多数兼任している誰かでもない。特定の将軍たちでもない。テレビに映し出される誰彼でもない。

歴代シナ王朝には、いくたびもこのような時代があった。皇帝にイニシアチヴがなく、大物宰相も不在の時代が……。

しかし、現在の彼らの体制にとっての「神」はある。毛沢東（の亡霊）だ。そして神の残した命令を解釈改憲した「偉大な預言者」も現れた。鄧小平だ。この二人は、確かに中共の「指導者」だった。

が、鄧小平の没後には、シナに指導者などいない。この真相を、隣国のわれわれは正しく知っていなければ、甚《はなは》だ危うい。

その毛は、スターリンの没後、「中共こそが世界の支配者にならなければならないので、米ソの手先になるような者は殺せ」と決めた。誰であろうと対等者の存在など決して許さないという圧倒的な指導で、まず一九六四年に核実験を成功させた毛は、さらに、核弾頭を搭載できる国産地対地ミサイルの射程を、逐次延伸させた。

ミサイルの射程が一万キロ以上になれば、それはニューヨークにも届くICBMになる。が、それより前に、より近いモスクワが、中共製の核ミサイルの射程内におさまってしまうことは、自明な道理であった。

モスクワは、中共内の実力ナンバー2の劉少奇《りゆうしようき》を代弁人にして、なんとかその路線を変更させようと図った。が、毛沢東は一九六六年から六九年にかけて劉少奇を追い詰めて死に至らしめた。

ソ連は、エージェントを使った工作が失敗した場合の「プランB」として、モンゴルから戦車部隊を電撃侵攻させ、ゴビ沙漠にあった中共のミサイル発射基地や核施設を破壊制圧し、あわよくば中共に傀儡《かいらい》政権を樹《た》てることも本気で考えていた。だが、実行前に水面下で賛同を求めた米国（第一期ニクソン政権）がイエスといわなかったため、ついに諦められている（米国は偵察衛星等の航空写真により、このモンゴルにおける部隊集中も知っていた）。

どの隣国とも「共存」などないと考えているシナ人はすぐに逆襲に出た。ソ連との国境をなしていたウスリー川の中洲《なかす》「ダマンスキー島」で、わざと負けるような小競《こぜ》り合《あ》いを国境警備隊に仕掛けさせ、その軍事衝突を派手に報道させた。ニクソン政権と大衆に、もはや疑いようもないメッセージを送ったのである。

それまで米国人は、ソ連と中共はいろいろと論争はしているけれども、結局は同じ穴のムジナで、いつかは共同で対米核戦争をやる気なのだろうと疑っていた。だが「ダマンスキー島事件」は、米国の庶民にすら、「中共とソ連はもはやほとんど戦争状態に突入していて、これほどの抜き差しならぬ対立関係は当分、変わりはしないだろう」と了解させた。

これで、米国政府（第二期ニクソン政権）の新外交が、やりやすくなったのである。すなわち、事実上の「米支協商」を成立させる。それによって対ソ軍拡競争を、いままでよりコストの低いものに変えるのだ。

中共が味方になるなら、ベトナム戦争から手を引く政策（それはニクソンの最初からの公約だった）も、格好がつくだろう。ベトナムだけでなく、アジア全域から、対ソ戦と関係のない駐留米軍は引き揚げてしまってもいいだろう。

そこから毛沢東とニクソンとの間にどんな密約が相談されたと考えられるかは、既に書いた通りだ。

シナでは対等な他者は常に「敵」

核武装によって、毛沢東は、世界史が近代の段階に入った「清末」以降、初めて筆頭超大国を凌駕《りょうが》できるかもしれぬ手掛かりをシナ人に与えていた。だが、初の原爆実験を行った一九六四年からニクソン大統領訪中までの八年間ほどは、中共は米ソからいつ核で挟撃されて消滅するかもしれない危機でもあった。

その前には、米国から核攻撃されても奥地の農村が生き残るためだとして、一九五八年から「人民公社」という国防単位を強制したが、その生産性が悪かったので、シナ全域で一二〇〇万人が餓死したともいわれている。そんな苦しい時期を乗り切ったのも、一九六六年からの「文化大革命」を含めた毛沢東の独裁的な指導力だった。

そしてついに毛沢東は、米国と密約を結んで中共を生き延びさせた。毛が、中共の永遠の神とされるのは至当であろう。

しかし、米国人はシナ人の世界観について無知であった。シナ人の人生哲学にも倫理にも「対等」の二者関係など絶対にあり得ないのだ。「友好」は、相手を凌《しの》ぐまでの一時的な方便でしかない。毛沢東は米国を、いつかは屈従させるべき相手だと考え続けた。それは後継指導者の鄧小平も同じである。

中共が米国の下位にあるときは我慢して、米国からの攻撃をかわす智恵を絞ることに努める。そしていつしか中共が米国と力が並んだとき、その日から米国を直接・間接に攻撃し、米国を中共に対して屈服させる。

米国が「中共様が一番です」と認めるまで、この攻撃は止めない――。

対等の付き合いなど、彼らにはしっくりこないのだ。シナ人は本能的に、対等な関係は危険で不安定な状態に他ならず、安心できないと感ずる。儒教古典の『孟子』のなかに「敵」という字が出てくるが、それは「対等の他者」を意味していた。

シナ人にとって対等な他者とは、常に敵でしかないのである。

中共にKGBがないために

普通、独裁国家では、自分の気に入らない有力者を、大臣だろうと元帥《げんすい》だろうと区別なく、随意・随時に逮捕させ、見世物裁判にかけ、処刑できる。それが、独裁者の証明である。

スターリン（一八七九〜一九五三年）は、ソ連赤軍の大物将官たちに対してそのような権力を揮《ふる》っていた。

しかし今日の中共の文官には、そのような権力は行使できない。

これは、一国内の「暴力のバランス」に、制度上の欠陥があるためだ。

旧ソ連には、正しい暴力のバランスがあった。旧ソ連軍は旧日本軍以上の巨大な暴力装置だったが、それでも戦前の日本のように、軍人がモスクワの政治を乗っ取ってしまうことはなかった。ソ連国内には終始、十分な「シビリアン・コントロール」が機能していた。エリツィンが大統領になるまでは、モスクワの政治局の文官に叛旗《はんき》を翻《ひるがえ》すようなソ連軍部隊は、皆無であった。

このようなシビリアン・コントロールを担保したのは、NKVD《エヌカーヴェーデー》（のちKGB《カーゲーベー》と呼ばれた、「軍人を随時に逮捕するだけの武力を備えた警察機関」）である。

中共には、このKGB（現在のロシアのFSB《エフエスベー》）に相当する機関がない。党の政治局の中央が意のままに指揮できる、準軍隊的な公安警察軍というものが、存在しない。重武装の警察軍は、すべて、党の中央軍事委員会の指揮を受ける。なんのことはない、戦前の日本で「憲兵」を動かすことができたのが陸軍大臣だけだった、それと同じなのである。

日本では警視庁（首都警察）に重武装部隊を新設するなどして、陸軍の外から彼らのわがまま勝手をチェックする「暴力装置」を確保していなかったので、戦前はしかたなく海軍を陸軍の対抗馬として厚遇しなくてはならなかった。その結果、海軍は海軍で自己組織の予算拡大だけを追求するようになり、まったく無謀な奇襲開戦による対米戦争を避け難くしてしまったのである。

ミサイル迎撃はあきらめた鄧小平

話を戻そう。

一九七二年に、米ソ間で「ＡＢＭ制限条約」が結ばれた。米国は、中共からの少数のＩＣＢＭを迎撃するために必要な、最少限のＡＢＭを配備する権利を留保した。これを知った毛沢東は、ふたたび弾道弾早期警戒システムの実現を号令したのだが、一九七六年の毛の死までには、まともな大型フェイズドアレイ・レーダーはついに完成させられなかった。

ようやく一九七七年に国産の大型フェイズドアレイ・レーダーは形になり、翌年から国境の彼方《かなた》を見張り始めた。一九八一年七月一九日には、あらかじめ予測されたソ連のミサイル試射を探知することにも成功した（発射の一二日前から連続稼働させていたという）。

この年は、米国で第一期レーガン政権がスタートしている。おそらく米国情報にもとづいての行動であろう。

レーガンは、「自分の二任期以内にソビエトを滅亡させる」という誓いを立てていた。そのためには「ソ連の敵」なら誰でも利用する肚《はら》だった。おかげで中共はその八年間、実に気前の良い贈り物を米国から受け取ることができた。対戦車誘導砲弾（カッパーヘッド）、射程延伸砲弾（ＲＡＰ）、対潜誘導魚雷（マーク46）、最新式兵員輸送ヘリコプター（ＵＨ－60）などの現物見本に加え、ソ連がいまどこで何をしているかに関する情報が、水面下で手渡されたのである。

見返りに中共も、ソ連との国境に近い西部山岳中に、ソ連がミサイルを試射した際のテレメトリー（ロケット内部に装置された複数のセンサーから、刻々の加速度や温度、機械の作動の調子を地上に知らせてくる、暗号化されたデータ信号の電波）を傍受できる秘密基地の用地を、米国に貸し与えている。

だがさすがに、もしもソ連に漏れれば米ソの技術ギャップが危険なまでに縮まってしまうだろうと考えられるような技術、たとえばフェイズドアレイ・レーダーの反射信号を処理するソフトウェア情報などが、中共に供与されることはなかった。

そこで鄧小平の率いる中共は、再び一九八六年に、自力で、ソ連に向けた大型フェイズドアレイ・レーダーを建設させている。

他方で鄧小平は、一九八〇年から八三年にかけて、中共独自のＡＢＭ計画を終了させた。既にソ連の戦略核ミサイルは多弾頭化されていた。デコイ（宇宙飛翔中に敵レーダーをあざむく囮《おとり》弾頭。風船状の構造でほとんど重量がないため、何個も併載できる）の放出技術も一般化していた。加えて、米軍が実用化した、超低空を飛行する戦略射程の巡航ミサイルや、ＧＰＳを利用してＩＣＢＭ並みの命中精度を誇るＳＬＢＭ（潜水艦発射弾道ミサイル）を、ソ連もじきに実用化するかもしれなかった。

鄧小平は、迎撃についてはもうあきらめ、むしろ「ラーンチ・オン・ウォーニング」の構えを見せることで、ソ連からの核攻撃を抑止する道を選択したほうが、合理的だと思ったのだろう。

だが、「ラーンチ・オン・ウォーニング」ができるようになったという国外向けの宣伝とはうらはらに、このフェイズドアレイ・レーダーも、不満足な出来栄《できば》えだったようである。

米国に対しては、中共は一九八一年から米本土に届くＩＣＢＭ「東風５」をサイロ内に配備し始めた。が、なんとその数は一九八〇年代を通じてたったの二基のみである。鄧小平は、シナ人の威信のためにＩＣＢＭは開発させたものの、気脈を通じたレーガンの米政府に最大限に気を遣い、それを実戦の役には立ちそうにない象徴的な数量に自粛していた。

米支蜜月の終わった年

米支の蜜月は、一九八九年に終わった。ソ連体制は軍事と経済の両面でガタガタになって、もはや米国の敵ではなくなったと見られた。

二度の石油ショックを経て、西側先進諸国は、エネルギー消費構造を効率化してしまった。そのリーダーシップは日本がとった。これにより国際原油取引価格が低迷し、石油輸出に頼るソ連の外貨収入はガタ減りし、将来改善される見通しもなくなった（国内油田からの生産量を増やせば増やすほど国際価格は下がる）。

　他方でレーガンが仕掛けた、陸軍、海軍、空軍、戦略核、そして宇宙におよぶ全面ハイテク競争に、GNPで劣るソ連がまったく同じように応じようとしたせいで、ソ連の民間経済はみるみる疲弊《ひへい》した。そして一九七八年から延々と続いていたアフガニスタンでの泥沼戦争は、ソ連軍内の士気も低下させていた。とうとう一九八九年から、第二次世界大戦で衛星国にした東欧諸国が、ソ連圏を脱して「非共産化」する動きを、止められなくなってしまう。

　この「民主化」の熱気がシナに飛び火した。

　一九八九年五月、北京の天安門広場に、共産党専制の終焉《しゅうえん》を願ったシナ民衆が多数、集まり始めた。鄧小平が武力鎮圧《ちんあつ》を命じたところ、後継者として目をかけていた党総書記の趙紫陽《ちょうしよう》は従わない。鄧は趙を斥《しりぞ》けて江沢民を起用し、広場に人民解放軍の戦車隊を進入させて、数千人もの流血を辞さずに人民を四散せしめた（いまだに死者数は秘密）。

　江沢民は政治経歴になんのカリズマもない理工系のテクノクラートだったが、鄧小平は中共の近未来のピンチが必ずや石油や電力や水などの資源・エネルギーの壁に由来してやってくると読んでいて、その乗り切りを、理工系のテクノクラートたちに託す気にもなっていたところであった。

米大統領は、第二期レーガン政権の副大統領だったブッシュ（父）に替わっていた（在任一九八九～一九九三年）。

ソ連が強敵ではなくなった以上、中共政府の自由弾圧を大目に見てやる必要も、米政府にはもうない。ブッシュ政権は、対支経済制裁を発動。中共空軍の性能の悪い戦闘機を、米国の技術で能力向上させてやろうというプロジェクトが進められていたのであったが、そうした軍事援助も打ち切られた。

未完の弾道弾早期警戒システム

鄧小平は天安門事件の血の弾圧の命令者として、表の政治舞台からは退隠せざるを得なかったけれども、それから一九九四年まで、中共の最高指導権力を手放さなかった。

ソ連邦が一九九一年に崩壊してしまうのを見て、鄧小平はあらためて弾道弾早期警戒システムの構築を鞭撻《べんたつ》した。今度は、太平洋やインド洋に所在する米海軍の戦略原潜から発射された弾道ミサイルにも備えなくてはならない。全国に六ヵ所の大型フェイズドアレイ・レーダーが建設された。

それらは一九九四年までに運用を開始したという説と、国産半導体の性能が低かったために一九九五年までに閉鎖されてしまったという説とがある。どちらも本当かもしれない。鄧小平を喜ばせて気に入られるためには、部下は「完成しました」と報告をせねばならないが、鄧小平老人がもうボケてきたと分かれば、芝居の必要はなくなるであろう。

真相はともかく、弾道弾早期警戒システムの完成度が低いということは、「ラーンチ・オン・ウォーニング」も考えられないということである。

「東風5」は液体燃料式であって、発射の準備をすると、米国の写真偵察衛星や通信傍受衛星に、その兆候がとらえられてしまう。

ミサイル・サイロは、ダミーも含めていくつでも増やせるが、その座標は必ず明瞭に知られる。米海軍の持っている潜水艦から発射する弾道弾「トライデント」は、弾頭数に余裕があるので、GPS衛星の助けを借りて、やすやすとこれらのサイロを水爆弾頭で破壊する(一目標に四発くらい叩き込むことで確実を期す)ことが可能であろう。

となると、サイロ式ではない、トンネル内を車両で機動させられるICBMが、対米核抑止のためにはどうしても必要だ。これなら現在位置が把握されないので、どんな先制核攻撃を受けても、直撃はまぬがれ、報復力は温存される。したがって、先制核攻撃そのものを、敵にあきらめさせることができるのである。

水爆弾頭技術を米国から盗んで

北京の長安街をパレードする「東風31」

一九九五年五月、車両機動式で、しかも射程が八〇〇〇キロ（のちにやや延びる）あって、米本土にもいくぶんは届くＩＣＢＭ「東風31」の試射が成功した。テレメトリーを解析した米軍情報部は、搭載される水爆弾頭の重さが七〇〇キロしかないようだと割り出した。これは、中共が米国製の固体ロケットブースターの技術に追いつけてはいない（したがって同じサイズなら軽い弾頭しか運べない）ことを意味する。

また、民主党のクリントン政権（任期一九九三～二〇〇一年）に替わった前後に、米国だけが持っていた超軽量で威力十分の水爆弾頭「Ｗ-88」の技術を、なんらかの方法で中共軍のスパイが盗み取ったことも示唆《しさ》していた。

「東風31」は現在、一二基が主としてロシア向けに配備され、射程を少し延ばして米国心臓部にもギリギリ届くようにした「改型」も別に一二基あるとされる。さらに「東風31」をベースに、北米のほぼ全域を射程におさめるようにした「東風41」は、二〇〇九年以降、逐次整備され、いま一二基ほどあるとされる。「東風41」は完全に対米用なので、中共としては米国人を刺激しないよう、その全数の秘匿《ひとく》に努めているであろう。

古いサイロ式の「東風5」も、まだ二〇基前後を残している。だが、そのうち即応発射ができるものは一つもない状態である。

再びロシア製の兵器技術に頼る

米国のクリントン政権は、中共が近代的なビジネス・パートナーとして成長する気ならそれを助けようという、甘い外国人観を持っていたが、儒教を奉ずるシナ人の心のなかには「自分が世界の支配者になるか、別な強い者が世界の支配者になるのか」のどちらかしかないのだということに、さすがに気付かされるようになった。

一九九五年と九六年には、台湾への影響力をめぐり、米支は軍事的な緊張を高めた。クリントン大統領は、米海軍の空母艦隊が、中共軍には非常に恐れられていることを確認できた。

このあたりから中共は、ロシア製の「S－300」という系列の高性能な地対空ミサイルを輸入するようになった。

「S－300」は、米国のパトリオット地対空ミサイルの向こうを張ったもので、モスクワ周辺をがっちり固めるように配備されていた。探知距離二〇〇キロ前後のフェイズドアレイ・レーダーを使用し、超低空の巡航ミサイルにも対処できるほか、探知距離一〇〇〇キロの警戒レーダーに応援されれば、限定的ながら短距離弾道弾を迎撃する能力もある。

中共は、このロシア製の防空システムを、北京、上海、成都《せいと》、大連、そして台湾の対岸である福建省の海岸部に展開したいと念願した。さらに駆逐艦（のちに『052型』と呼ばれる）にも搭載されている。

輸入された「S－300」系の地対空ミサイル・システムは、「紅旗15」とか「紅旗18」と呼び替えられ、中共製のフェイズドアレイ・レーダーを組み込むなどの独自の改善も進められた。二〇〇九年以前のどこかの時点で、米国のパトリオット・ミサイルの現物を中東あたりからこっそり手に入れ、大いに参考にしたようである。

一九九九年五月、クリントン大統領は、ベオグラードの中共大使館に、「B－2」戦略ステルス爆撃機によってGPS誘導爆弾を五発直撃させ、「誤爆だった」と弁明した。セルビア兵によるアルバニア民族皆殺し作戦をやめさせるためコソヴォ紛争に介入中のNATO軍に関する戦略情報を、中共がセルビア軍に対し漏洩《ろうえい》していたからだ。

自ら抱いている悪意を、経済力の急成長に乗ってつい隠し切れなくなり、当の相手の強い反発を買ったので、シナ人は慌てたようだった。

中共指導部は同年、国内で防空兵器を担当している技師らを総動員して、早期警戒衛星、囮弾頭と真弾頭を遠くから見分けられるような早期警戒レーダー、敵の弾道弾を直接衝突によって迎撃できる防空ミサイルなどをこしらえろ、と発破をかけた。

けれども、ロシアから「S－300」系の現物を調達する以上の成果はなかった模様である。そしてロシアも、弾道弾早期警戒システム用の大型フェイズドアレイ・レーダーの技術などは、中共には売り渡さない。

ロシアは冷戦末期に「バックファイア」と呼ばれた、米空母を対艦ミサイルで攻撃するための高速攻撃機も整備している。しかし既述のように、中共軍からいくら請われても、これは輸出しないというアイテムに分類しているのだ。大型戦闘攻撃機の「殲20」は、「バックファイア」の代用品として開発が必要だったのである。

第二砲兵を統制できない胡錦濤

二〇〇一年九月に米国中枢を狙った同時多発テロが起きたことから、米軍はアルカイダの本拠地を覆滅《ふくめつ》するべく、同年末にハイテク航空支援と軽装歩兵を組み合わせた速戦即決の立体作戦を実施した。中共軍はこれを見て青くなり、北朝鮮が原爆を開発しようとしているのを知っていながら止めないで、それを対米カードの一つにしようと考えた。

共和党のブッシュ（子）政権（任期二〇〇一～二〇〇九年）は、朝鮮半島と日本に核兵器が拡散していく困った未来を阻止するためには、ここで是非、中共をして北朝鮮を説き伏せる以外にないという結論に達した。こうして二〇〇三年八月、初の「六ヵ国協議」が開催される。その場で北朝鮮は、「もう既にわれわれは核武装をしているのであり、これから実験をする」と主張した。

この「実験」がいつまでもなされないことは、中共が米国のために影響力を行使してくれている結果だ、と米国政府には思えた。そして米国が中共を少し尊重するようになった結果、増長した人民解放軍副総参謀長の熊光楷《ゆうこうかい》中将は二〇〇五年、「台湾問題に米軍が介入すれば、米国西海岸に核兵器を撃ち込む」と、米国防総省の次官補に向かって語った。

中共は既に米国首都ワシントンまで届くＩＣＢＭを持っているのに、なぜ西海岸のロサンゼルスの名が出たのか？　原子力潜水艦から弾道弾（「東風31」は全長一〇メートルなので、潜水艦に搭載できると考えられていた）をハワイ沖あたりから発射できるという目途《めど》でもついたのか？　それとも直接に米国中枢を狙わない限定的な戦略核攻撃をＩＣＢＭで実行するオプションがあるという意味なのか？　真意は謎であって、ただ、熊光楷が核戦略の素人《しろうと》らしいことだけは伝わった。

すると二〇〇六年一〇月、北朝鮮は第一回の原爆実験を強行した。ブッシュ（子）政権は外野の言論人を使い、「日本が北朝鮮に対抗して核武装するのが厭なら、中共はもっとまじめに北朝鮮の核武装を止めろ」というアドバルーンを揚げさせた。が、中共中央には、ほとんどこの脅《おど》しは効かなかった。

既に述べたが、二〇〇七年一月一一日に中共軍は、政府の高級文官にはなんら図ることなく、軌道上で故障したまま周回している気象衛星「風雲」に、宇宙空間で別な物体を激突させて爆砕する実験を挙行。その際に発生した無数のデブリが、国際宇宙ステーション（シナ人は交ぜてもらっていない）をはじめとするすべての低軌道衛星にとって深刻な脅威となることから、世界中の顰蹙《ひんしゅく》を買った。

衛星と衛星を正対コースで激突させるのは、「ランデブー」や「ドッキング」と比べれば、ずっと低いレベルの技術に過ぎない。いまさらそんなことをして見せても、宇宙開発先進国相手には何の自慢にもならないのだが、中共軍は何か派手なデモンストレーション、もしくはイヤガラセをせずにはいられないという心境にあった模様である。

それよりも、この事件で満天下に示されたのは、胡錦濤（江沢民から権力を引き継いだ）が党中央軍事委員会主席でありながらも、ロケットを主管する「第二砲兵」を統制できていないという、なんとも恐ろしい事実であった。

この調子だと、中共軍全体が旧帝国陸軍の「関東軍」と化し、中共版の「満州事変」を引き起こす日も遠くないかもしれない。この時点になっても、中共にはまともな弾道弾早期警戒システムがないので、偶発核戦争はますます起きやすくなっているといえるのだ。

北京着弾を一〇分前に知る術なし

二〇一〇年に中共軍は、「紅旗9」という地対空ミサイルの改造品によって、飛来する模擬弾道弾を迎撃できた、と発表した。米軍が研究を進めていた「THAAD」という大型のミサイル防衛システムを意識したもので、弾頭は直接に正面衝突して破壊するタイプであった。おそらくは、あらかじめ承知されたタイミングとコースで飛来する標的に対して、ロシア製の地対空ミサイルとセットになっていた広域監視レーダーや照準レーダーを利用して、狙いをつけたものであろう。

二〇〇四年にロシアが完成した「S－400」という最新鋭の対弾道弾迎撃ミサイルを、ロシアはなかなか中共に売ろうとしなかった。が、二〇一四年、その商談が成立したようだ。

しかし二〇一四年末に至るも、「早期警戒衛星」は中共には一つもなく、対米用の「大型フェイズドアレイ・レーダー」も存在しない。ABM（弾道弾迎撃ミサイル）とし得る地対空ミサイルがあっても、いつどこの誰が中共を核ミサイルで攻撃したのかをリアルタイムで知る方法は、あいかわらず中共には乏しい。

東から飛んできた弾道ミサイルが、北朝鮮の発射したものか、日本海から米海軍の潜水艦が発射したものか、彼らは判断できない。

同様に、ヒマラヤ山脈を越えてきた弾道ミサイルが、米国の潜水艦からのものか、インド軍のものかも、中共軍には区別がつきかねる。

北から飛んできた弾道ミサイルについても、それがロシアの潜水艦がオホーツク海から発射したものか、米国の潜水艦がベーリング海から発射したものか、はたまた米国のＩＣＢＭであるのか、弾道から射点を割り出す術《すべ》がない。

それら弾道ミサイルが北京に向かっていると、北京に着弾する一〇分以上前に知る手段も、中共にはない。したがって「ラーンチ・オン・ウォーニング」は、核戦略として採用されていない。

核の攻撃者は特定できない中共

ここで簡単にまとめておこう。

いったい中共は、どんな「核抑止戦略」を現在、米・露・印に対して採用しているか？

基本は既に述べた通りで、沙漠や大山岳帯の地下の横穴トンネルに、車両機動式の中距離弾道弾や、やはり車両機動式の大陸間弾道弾を、深く隠しておくことである。核戦争用の地下トンネルは、既に総延長が数千キロにもなっているという。

外国からの核攻撃が始まったら、その攻撃が一段落するまで、ひたすら深い地下に潜んで待つ。そして海外ニュースを総合的に検討し、誰が攻撃者だったのか、じっくりと特定する。

それから、攻撃者がロシアやインドだと判定されたならば、中距離弾道弾「東風21」での報復を命じ、攻撃者が米国だと判定されたなら、大陸間弾道弾「東風41」での報復を命ずる。

どちらも車両機動式で、普段は深く長いトンネルのどこかに駐車させて温存してある。その車両が秘密のトンネル出口から地表に現れ、報復の核ミサイルを、ニューデリーやモスクワやニューヨークに向けて発射する——というドクトリンしかないであろう。

膨大なレーダーサイトの消費電力

旧ソ連は一九七〇年代に「ドニエプル型」という早期警戒レーダーを開発し、国土のどちらの方角から弾道ミサイル（北極海を越えてくるICBMと、インド洋や地中海等で発射されるSLBM）が飛来しても、モスクワにいちはやく警報を送れるようにしていた。

このレーダーは一九九〇年代にはすっかり旧式化し、それを置いていた周辺共和国の多くがソ連邦から分離独立した結果、面倒な「土地レンタル契約交渉」が必要になったりして、ロシアは次々に運用を廃止した。

代わりに新型の「ヴォロネジ型」の早期警戒レーダーを、いま現在で八基くらい運用している。ロシアは、二〇一八年までにはその「ヴォロネジ」の対支用のサイトを、もっと増やすつもりである。

ちなみにヴォロネジの最大探知距離は八〇〇〇キロほどで、これは旧型と大差がないが、分解能（囮弾頭と真弾頭を見分ける）が向上しているのである。

大型のレーダーサイトは消費電力がものすごいらしい。その電力は、地下の石油発電機から供給されるのだが、昼も夜もひたすら発電し続けるので、石油代金も嵩《かさ》む。シナ人には、それはいかにも無駄だと思われるのかもしれない。

しかし、水爆ミサイルで常に国土を狙われている国家としては、そのくらいは当たり前の出費ではないのか？　いまや金満国家であるシナが、弾道弾早期警戒システムに投資できない理由は、真の謎だ。

「中共版ＧＲＵ」とは何か

「第二砲兵」をコントロールできなかった胡錦濤は、二〇一三年三月一四日、国家中央軍事委員会主席の権力を習近平に譲った。しかし、理工系テクノクラートですらない習近平の統制力は、おそらくは胡錦濤以下であろう。

習近平は青春時代を文化大革命に塗りつぶされている。一五歳だった一九六九年から二二歳まで、『毛沢東語録』と『人民日報』しか読むことが許されなかったという。

人間の脳は「一回性の記憶装置」だ。二三歳からいくら自由な読書をしたところで、いまさら視野の広い世界観や時代観を抱きようもあるまい。古いインプットほど強いからだ。加齢とともに、むしろ古層の記憶が脳内で優勢になってしまう

習近平は、平時の暴力装置である一九〇万人の公安部、六〇万人の人民武装警察部隊、五万人の国家安全部（ゲシュタポ）を統括する「国家安全委員会」を新設し、自分がその長に就いたという。しかし真相は、彼こそが「中共版ＧＲＵ」からコントロールを受けているのかもしれない。

中共はそもそも一九二〇年代にモスクワが創った。一九四五年以降に完成する中共の諸制度も、ほとんどが旧ソ連から学習したものだ。

旧ソ連の遺産のうち、「ＧＲＵ（軍情報部）のスペツナズ（特殊部隊）」がいかに間接侵略に役立つかを、プーチン大統領は二〇一四年、ウクライナで見せつけている。

一九九二年に「ミトロヒン事件」という、ＫＧＢの元文書係が大量の手書きメモとともに

英国に亡命する事件が起きた。それまでKGBが営々と海外に構築してきたスパイのネットワークは、これで全部バレてしまった。壊滅である。

しかしロシアにとって幸いなことに、旧ソ連軍の情報部（GRU）がKGBとは別建てで扶植していた工作員ネットワークについては、ミトロヒンは何も知り得る立場になかった。

正体の秘密が冷戦後もよく保たれたGRU、およびその現地工作網を駆使することで、プーチンは数々の対外工作を仕掛けることができた。

いまや正規軍が頼りにならないのは、ロシアも中共も同じである。特殊部隊、それも情報工作系の特殊部隊だけが、指導者の頼りになるのだ。

ロシアと同じものを中共も持っているはずである。ただし、その真の組織名称は秘密にされている。

そやつらが、次の「王朝」の「始皇帝」になることを狙っているかもしれない。元KGB大佐のプーチンが、ロシアの新たな「ツァーリ」になろうとしているのにあやかるのだ。

毛沢東や東条英機の真似《まね》をするしか能のない習近平は、いつかお役御免を告げられる。「中共版GRU」の少壮幹部から見れば、習近平は物足りなすぎるのだ。汚職文官も汚職軍人も、みな粛清《しゅくせい》される。大粛清が起きるだろう。

その暁に、「中共版GRU」――現在のシナを闇から指導している匿名《とくめい》グループが、やっと表の世界に出てくる。その「中共版GRU」の仕事は、ひたすら「嘘をつくこと」である。ロシア革命は「嘘の勝利」であった。「ボルシェビキ」とは「多数派」の名乗りだが、それがそもそも嘘だった。嘘を勝利させるには、内外のマスコミを支配しなければならない。さすれば、針小棒大《しんしょうぼうだい》な宣伝をいくらでも展開できるからである。

対日間接侵略の前段階として、日本のマスコミ・言論人・外交官に対する工作が先行する。それが「GRUのスペツナズ」の最優先の仕事なのだ。同じ特殊部隊とはいっても、肉体派ではなく、頭脳派の特殊部隊なのである。

習近平が探す軍人の不満の捌け口

負けてもいい戦争を始めるのは簡単だ。長期化して国内がすっかり疲弊《ひへい》してもいいという戦争を始めることも、簡単なことである。

しかし、短期間で勝ちを収め、しかも、そのあと絶対に長期化させないで、安全にケリがつくような戦争を策定したり統制するのは、超・難事業だ。

毛沢東(一八九三年生まれ)は、実行すれば破滅的な結果がもたらされたはずの対米核戦争を、ソ連と一緒に開始したくてたまらなかった。ソ連はもちろんそんな冒険は断り続けた。

一九七六年の毛の没後、中共の指導者層は、対米戦争などやったら中共体制の自殺であるとほぼ全員が理解している。これは発展途上国の指導者層としては非凡である。

一九七九年に中共のリーダーであった鄧小平（一九〇四年生まれ）は、アメリカを決して巻き込まずに、しかも「一撃離脱」を徹底させたプランニングと統制とによって、一九七九年の対ベトナム侵略戦争を「小戦争」として完結させることにキッチリ成功した。

鄧小平はベトナム侵略を「教訓を与える」懲罰戦争だと宣言した。ソ連は一九六〇年代から中共とは関係がすこぶる険悪で、ベトナムにとっては一貫して強い味方であった。

そのソ連を後ろ盾とたのむベトナム軍が、国境をはさんで中共軍とのあいだで、銃撃や砲撃等のイヤガラセ合戦を継続しているのは生意気で許せないから、中共軍がベトナムに対して一撃離脱戦争を仕掛ける、というのだった。

領土を一ミリも奪わなくとも、このような計画的で大規模な他国侵攻作戦は、レッキとした「侵略」である。国連憲章違反である。もし、このときのベトナムが普通の国だったならば、米国は中共による隣国侵攻を黙過しなかったであろう。

だが、米国にとって当時のベトナム政府は、一九七五年まで凄絶な戦争状態を続けてきた、因縁の対手（旧北ベトナム政権）にほかならなかった。そして一九七九年当時は、ソ連と米国の世界規模での軍備競争がピークに達していて、米国としては、ソ連の同盟国であるベトナムに同情したくなるような理由はゼロだった。

というわけで、国際法が許さぬあからさまな侵略戦争だったのにもかかわらず、米国は中共に対する制裁などは唱《とな》えもせずに、ただ傍観したのである。鄧小平の国際情勢判断と外交工作が、大成功をおさめたわけだ。

露骨な「侵略（アグレッション）」であったにもかかわらず、事前に訪米して米大統領に根回しを済ませておき、国家全体としての危険が少ない理想的小戦争を実現してみせた鄧小平に、以後、古手の中共軍将軍たちも、偉そうな反対意見をいえなくなった。若手少壮の軍幹部は鄧に心服した。

ところが、鄧没後の新しい世代の中共の文官リーダーたち（江沢民、胡錦濤、習近平）は、このような理想的小戦争を誰も再現できていない。それゆえに、戦争（あくまで安全な小戦争）で存在価値を示したいプロ軍人たちからは、彼らは尊敬を集めるどころか、憎まれ口を陰で叩かれ、馬鹿にされ、ついには、外交政策を公然と無視されるようにすらなっているのである。

二〇〇六年一〇月に米太平洋艦隊司令官のラフヘッド大将が海難救助の合同訓練を呼びかけて、その打ち合わせのため中共を訪問していた最中《さなか》に、中共海軍の潜水艦が沖縄沖で米空母『キティホーク』に対して浮上状態で異常接近して示威的《じいてき》な挑発をしかけた一件や、二〇一一年一月にゲイツ米国防長官が北京を訪問しているタイミングを狙って話題の試作ステルス機「殲20」を初飛行させてみせたことなどは、いずれも氷山の一角として表沙汰になった、軍の暴走の例だ。

『キティホーク』事件では、中共外交部の報道官が「われわれは米紙『ワシントン・タイムズ』の関連報道が事実ではないと理解している」などと苦《くる》し紛《まぎ》れの会見をせねばならなかったし、「殲20」騒ぎでは、ゲイツ氏と会見中の胡錦濤《こきんとう》国家主席が、その飛行予定をまるで知らずにうろたえる様子が、居合わせた米国人すべてに目撃された。党が軍をコントロールできているのならば、かかる無様《ぶざま》な「外交と宣伝の齟齬《そご》」（党が対米友好を演出しようとしているのに、軍がわざとそれをブチ壊す）は生じ得ない。

江沢民や胡錦濤には、それでもいっぱしの理工系テクノクラートとしての評価があった。現代のプロ軍人の中軸も理工系エリートだから、「石油がなければ軍隊は戦争できまい」等と、工学の言葉で説かれれば、聞く耳は持つ。

だが、短距離弾道弾などの数量を背景とした間接侵略によって、台湾をなしくずし的に併合する企図が一九九〇年代に米国の反対に遭って潰《つい》えると、北京の文官指導部は、軍人たちの不満の捌《は》け口《ぐち》探しに困ってしまった。

「侵略者」とならないために

侵略戦争は、第一次世界大戦後に国際条約で禁止されることになった（それまで侵略戦争そのものは、国際法上はお咎《とが》めなしだった）。

最初は「国際連盟規約」（日本は第一次世界大戦に勝利した陣営の「五大国」の一員として終始、その成立に協力している）で、侵略の禁止や、侵略国に対する禁輸制裁などが謳《うた》われた。ところが国際連盟は米国務省が生み出した組織であったにもかかわらず、中南米地域に対する米国の排他的支配力が揺らぐことなどを恐れた米連邦議会の上院（条約批准《ひじゅん》の権限を持つ）が、米国をそれに加盟させなかったために、侵略禁止の実効性が疑われそうだった。

そこで一九二八年に、今度はアメリカを筆頭とする一五ヵ国があらためて「パリ不戦条約」（ケロッグ・ブリアン条約）というものに調印し（最終的には中華民国やソ連を含む九三ヵ国が批准した）、「侵略の禁止」の実効性を強化しようとした。

これ以降、いかなる国家も、「自衛（セルフディフェンス）」もしくは「国際的制裁」の名分を獲得できないようなスタイルで他国に対して戦争を始めてしまうことは、著しく不利で危険なこととなった（国家は「主権」を持っているので、どんな国際法違反も、やろうと思えば自由にできるのだけれども）。いまの「国連憲章」だって、戦前の「パリ不戦条約」の精神を継承したものであることは、よく覚えておきたい。

いい直すなら、自国が当事者となるどんな戦争も、「自衛」または「国際的に主流であるとともに、近代的な法治主義にも沿う諸国の集団意志への協賛としての軍事行動」であることを世界に広報し、かつ納得させせることが、断然に有利で安全なのである。それは、今日これほどまでに軍事大国化している中共にとっても、同じなのだ。

不利で危険な対外政策ではなく、有利で安全な対外政策を実践するためには、「戦争を始める国」は、自国軍があくまで敵国軍よりもあとから「反撃」として行動をしているのであることを、有力な局外諸国の上下に向けて、説得的に宣伝できなくてはならない。

もしその宣伝に失敗してしまえば、どんなことが起きるか?

味方をしてくれる外国がいなくなるだけでなく、局外の有力国や、さらには国連から、制裁（それは経済的なもので終始する場合もあるが、軍事的制裁も決議され得る）の対象国に認定されてしまうことにもなる。

朝鮮戦争では、まさにそれが起こった。国連は一九五一年二月一日の総会決議第四九八（V）号で、一九五〇年一一月二七日に鴨緑江《おうりょくこう》南岸で国連軍に対する攻撃を開始して交戦中である中共政府は、一九五〇年六月二五日に侵略戦争を始めた北朝鮮を直接に幇助《ほうじょ》することにより侵略活動に加担中であると、公式に非難をしている。

じつは中共は、最晩年のスターリンの命令で、厭々ながら朝鮮戦争に参戦することになったのだけれども、中共を創り育ててくれたのは何しろソ連だったから、モスクワにはとても逆らえず、結果的に半島内の激戦で優良装備の米軍のためにシナ兵を数十万人（一説に百数十万人）も殺されたうえに、国連からモロに「侵略者」のお墨付きまで頂戴することになったのだった。それでも参戦した以上は全力で対外宣伝を展開し、毛沢東の対外宣伝係だった周恩来《しゅうおんらい》は「そんな国連決議は無効だ」と叫んだ。

驚くべきことに、この宣伝は日本人に対しては有効だった。「朝鮮戦争は韓国軍が北進して開始した」と主張したりする者が、一九八〇年代においても日本の大学のなかにはいたほどだ。東大法学部で政治学を教えていた有名な丸山眞男《まるやままさお》教授も、休戦から何十年経っても、朝鮮戦争は共産軍の南侵によって始まったと認めるのを避けた。つまり、中共の必死の宣伝は、日本の左翼インテリに対しては、黒を白と思わせるくらいの工作力があったのである。

朝鮮戦争とともに開幕した一九五〇年代、日本の多くの映画関係者や芸能人たちが「ソ連ばんざい・中共ばんざい・北朝鮮ばんざい」的な言動を繰り返していることが、記録によって確かめられるだろう。これは、間もなく日本本土も、半島から南下してきた共産軍（シナ兵と朝鮮兵とロシア兵）が制圧するところとなって、日本全体が共産化するから、いまのうちから共産党その他をヨイショしておかないと、仕事を干されたり殺されたりしてしまうだろうと心配しての、芸能人たちの保身の営業なのだった。

その芸能人と同じことに、大学から小学校に至る大勢の教員たちまでが、大まじめに励んだのである。その教員たちの孫弟子あたりが、引き続いて左翼活動家となって、一九八〇年代にも少数が大学周辺に巣くっていたわけだ。

以上は昔話である。が、国家にとって公的に「侵略者」と認定されることは、過去においても望ましくないことであったと同様、いまも望ましくはない。

朝鮮戦争の最終局面（一九五三年）では、米国は中共に対して使える戦術核爆弾（単座戦闘機から投下できる寸法と重量）を量産し始めていた。それを鴨緑江の北側で使用されても、既に「侵略者」と公認されていた中共側は、文句はいえなかった。だから毛沢東も、スターリンが急死するや、すぐに国連軍との講和を急いだ。

ならば今日、「侵略者」認定をされずに侵略を成功させるには、どうしたらいいのか？　それは、開戦責任を相手になすりつける「宣伝・演出」にすべてがかかる、といっていい。

「尖閣《せんかく》諸島占領作戦」を例として考えてみれば、次のようになるだろう。

領域警備法が絶対に必要なわけ

中共軍や、中共の「海警」（中国海警局、日本の海上保安庁に相当）は、国際法も国内法も無関係に何でもやらかすことのできる暴力装置だが、日本の自衛隊や海上保安庁や警察はそうではない。海警や中共海軍艦艇が日本の領海に侵入して「無害航行ではない航行」をやめない場合、日本の海保が「警告」「警告射撃」を経て「毀害射撃を伴う対抗」にステップアップしていく。

そのどこかの時点で、「法執行活動」（海保など警察機関の仕事）は、「軍事活動」（自衛隊の仕事）に切り替わるだろう。軍事活動になれば、国家主権の行使として、相手が公船だろうと軍艦だろうと、乗り移りや拿捕《だほ》や撃沈もできるのだ。

もちろんそのときは「戦争」を覚悟しなければならないが、戦争を覚悟しないでは国家主権など守れはしない。外務省は、この当たり前のことを考えたくないのだ。

この平時から戦時への切り替わりのスムーズさが、念入りに準備された日本の法令によって裏打ちされていればいいのだが、シナ人と対決すると考えただけでもガクガクブルブルの日本外務省は、「領域警備法」のようなものを、できるだけ整備させたくないのだ。

日本は法治国家なので、各段階につき、いちいち細かいところまで法令でカバーしておかなければ、巡視船船長も政治家も、実際には何もできない。

ところが中共側は、法律に何も書いてなくとも、自国公船の船体をいきなり他国漁船にぶつけたり、雇い上げた自国漁船をして他国公船に衝突させたり、ということが、シームレスに自由自在に遂行《すいこう》できるのである。

日清戦争で敵の初弾を待った背景

国際法でいう「侵略者」を英語に直すと「アグレッサー」だ。語感として「第一弾を放った者」とか、「先に国境線を越えてきた者」といった響きがある。

日清戦争では、双方から宣戦布告がなされる前に、清国艦隊が日本艦隊に対して初弾を放って「豊島沖《ほうとうおき》海戦」が発生した（一八九四年七月）。「パリ不戦条約」のできるずっと前だったし、国際連盟も国際連合もまだ考えられていない時代だから、このような「侵略」によって開戦したところで、清国側は特に国際宣伝上の不利に陥ることはなかった。

が、一方の日本側としては、「受け太刀」で開戦したという外観を整えておくことが、国際宣伝上どうしても必要であった。日本艦隊は、敵が初弾を放つのを待っていたのである。どうしてか？

清国の大きな港では、英国を筆頭とする欧州商人と米国商人が、手広く貿易業を営んでいた。黄海や東シナ海での戦争状態の発生は、商船の自由な航行のうえにビジネスが成り立っている彼らにとって、大きな迷惑となる。だからもし、日本の側から戦争を始めた（と報道された）なら、彼らと彼らの領事、および母国人は、日本国に対して憎しみを抱いたはずだ。

また、清国海軍の軍艦には、機関長とか砲術長とか、場合によっては艦長の代役としてまで、米国人や英国人らの専門スキルを持った者が高給で雇われ、何人も乗り組んでいた。もし日本側が先制攻撃して勝利すると、彼らは収入も評判も失ってしまうのだから、その腹いせに「卑怯《ひきょう》な悪者である日本の侵略行為」を世界に宣伝しただろう。結果、多くの国が、清国側を武器弾薬その他の便宜で支援する気になったかもしれなかった。

おそらくは、日本に有利な講和を仲介してくれる有力な中立国も、探しにくくなったであろう（一八九五年の下関条約は、米国が斡旋《あっせん》し、英国とロシアが賠償金を清国に貸して、まとまっている。もし米国が手を引けばロシアが仲裁した可能性もある。その場合、日本はロクに権益を増やせないことはもちろん、以後のロシアからの対日締め上げが加速しただろう）。

尖閣占領作戦に軍隊を使わぬ理由

ここまで述べてきたように、中共の核は使い物にならない。しかし、戦争を始めるときに、世界世論を味方に付けることがいかに重要か、他人から教えてもらわねばならないほどに、シナ人は損得勘定《そんとくかんじょう》下手《べた》ではない。

「尖閣諸島乗っ取り作戦」でも、中共軍は、できるかぎり「侵略者（アグレッサー）」の外見をまとわないように気を付ける。

段取りは、「漁民」と「海警」を使うことだ。

「海警（中国海警局）」は、英語表記が「China Coast Guard」であり、米国の沿岸警備隊や、わが国の海上保安庁に相当する国家の法執行機関である。

二〇一三年七月までは、シナ大陸の海岸線から遠く離れた沖合（しばしば排他的経済水域EEZや隣国との中間線よりももっと外側）で、海底石油・ガス資源などの権益を一方的に主張し、その海面を占拠する暴力装置として「海監」という機関が置かれていたのだったが、それは、公安部（部とは日本の「省」）の直系ではなかった。

つまり、組織の上から下まで、法執行機関としての教育トレーニングが緩かった。そのため船艇陣容の拡大とともに、はからずも国家に迷惑をかけるような暴走をしないかと懸念された。

他方で公安部直系の海上警察部隊は、中央統制はガッチリと効くものの、比較的に小型の船艇ばかりだった。遠洋に出て外国のコーストガードと渡り合う能力がなかったのである。

そこで中共中央の指導部は、「漁政」（日本の水産庁の漁業監視船に相当するが、戦時には海軍の指揮下で機雷を撒く船にも早変わりすることになっており、その演習もしていた）や「海監」などを、二〇一三年七月二二日「海警」に統合してしまい、沿岸から外洋まで中央統制を強力に及ぼす一大海上警察機関として、あらためて発足させたのだ。所属船艇は大小三〇〇〇隻。しかし、有事には旧「漁政」の管轄だった漁船もすべて徴用できるので、数万隻にもな

尖閣諸島の日本領海に侵入した中国海警『2350』をブロックする海上保安庁の『はてるま』

るだろう。

尖閣占領作戦には軍隊など使わない。

まず、ボロ漁船に乗せた非武装の漁労者（貧民をリクルートして、にわか漁民に仕立てる）を偽装座礁《ぎそうざしょう》させるであろう。

それを救難するという名目で、一万トン級の大型の「海警」のパトロール公船が接岸する。そして、船内から数千人の「武警」（人民武装警察部隊。サブマシンガンや狙撃銃で武装し、国境警備などをしているが、暴動鎮圧《ちんあつ》にも任ぜられている）を吐き出して上陸させる。「遭難者保護」が名目だ。

四〇〇〇トンの海警の公船でも、内部には五〇〇人の武装兵を隠して運べるスペースがあるという。二隻なら一〇〇〇人だ。

サブマシンガンや狙撃銃を手にした一〇〇〇人以上の重武装警察に対して、少人数の沖縄県警や海上保安庁が上陸しても何もできるわけがない。

そこで自衛隊が呼ばれるが、その場合、「軍隊が、警察機関に発砲できるのか」というジレンマに、日本は直面してしまう。日本外務省がまったく宣伝に関して無能力なものだから、中共の宣伝で、日本が悪役になってしまいかねない。

このようなジレンマに日本政府を追いやることが、宣伝上手の中共として正しい作戦となる。発砲をためらえば尖閣の施政権は日本にないことになり、日米安保は適用されず、じきに「第二の竹島」になるのだ。

日本外務省はホームページで、「海洋法に関する国際連合条約」のなかの〈公船は他国領海内で有害通航しても拿捕されない〉という部分ばかり、強調している。「海警」と自衛隊を戦争させる気が外務省にはないのだから、中共としては、「海警」や「武警」を出しさえすれば、尖閣は占領できる。

漁船であってもプロ軍人が指揮しているならば国際法上は「軍艦」である。その変装軍人がもし日本側の捕虜になれば、国際法違反の侵略者は中共であることを世界に対して隠しようもなくなってしまう。

だから、二〇一四年に日本政府の有識者会議（安保法制懇）が例示したような「プロ軍人が変装している武装漁民」という話くらいナンセンスな戦術はないのだ。安保法制懇の中心は外務省だが、日本の外務官僚には「戦争のセンス」はゼロである。

第四章　中共陸軍の酷い実力

倭寇は三〇〇人で南京を攻略か

文禄《ぶんろく》・慶長《けいちょう》の役を起こした豊臣秀吉《とよとみひでよし》には、二つの目的があった。

一つは、西国の有力大名が、めいめい勝手に海外貿易を展開して軍事力を蓄積すること を、「天下総力戦体制」を作為することによって禁圧してしまうこと。つまりは貿易の国家統制だ。

もう一つは、明国を名目的にでも従えてみせることだった。

このうち前者の目的は達成されている。しかし後者は、小西行長《こにしゆきなが》の非合理的な勧めにしたがって、朝鮮半島南端から陸路、明の首都・北京まで至ろうとしたために、「分散と集中」が不自由になり過ぎて、失敗した。もし、直接に揚子江《ようすこう》河口付近まで大軍を海上機動させていたなら、結果は違っただろう。

それには前例があった。

弘治《こうじ》元年（一五五五年）、「倭寇《わこう》」が南京に迫って安定門を焼き、八〇日間にわたって広い範囲を暴れまわり、明朝の官兵四〇〇〇〜五〇〇〇人を殺したと伝えられているのだ。豊臣秀吉が天下を統一するまでは、倭寇（これも私貿易活動であった）は明国を脅かし放題であった。

上陸したのは揚子江の河口付近で、明朝の暦で六月七日であったという。当然、わが尖閣諸島を経由して行ったのだろう。

そして南京を攻略した倭寇の人数であるが、シナ側に伝えられている一資料では、たったの「五三人」だったとある。この他、六〇から七〇人だったという説、七二人という説、三〇〇人とする説もある。いずれにしても、すこぶる少人数だったのに、シナ兵はこれを阻止できなかった。どうしてなのだろうか？

明治初期の洋学者の加藤弘之《かとうひろゆき》は、「一八四〇年の阿片《あへん》戦争で清国軍が敗れたのは、英国の兵器や戦術が主因ではない。『人の和』が清国の体制になかったからである」と評している。

一八五七年の第二次阿片戦争でもそうだったが、外国軍が上陸し、南京や北京まで攻め上ろうというとき、住民に銀貨などを与えると、簡単に荷物運びの労働者として雇用することができたようだ。おびただしい数のシナ人が、カネと引き換えに、外国からの侵略者にも協力するのである。

国家という大組織を究極のところで信用する国民か否《いな》かが、シナ兵と欧米兵、あるいはシナ兵と日本兵の戦場での行動を分けるのだろう。シナ人はエリートもインテリも下層貧民も、誰ひとりとして、国家が自分や家族を助けてくれるだろうとは、微塵《みじん》も考えていないのだ。

政府の長期存続を信じないシナ人

すぐれた兵器があれば陸上の戦争に勝てるのだろうか?

そうとは限らないようだ。

二〇一一年、米軍がイラク全土から撤退して、イラク政府軍に一四〇両の「M－1A1戦車」をはじめとする、いろいろな優良装備を気前よく贈与した。もちろん、しっかりと使い方の稽古《けいこ》もつけてやった。米政府は、あとの治安維持はもうイラク人に任せられる——と信用し、安堵《あんど》していた。

ところが二〇一四年になって「ISIS」または「ISIL」または「イスラム国」というスンニ派の反政府グループがシリア国境あたりから湧いて出て、イラク北部の重要都市を次々と陥《おとしい》れはじめる。オバマ大統領もとうとう八月、空母からF／A－18戦闘攻撃機を飛ばし、「イスラム国」の征服エリアが拡がるのをじかに妨害しなければならなくなった(オバマ氏は上院議員時代からイラクからの米軍撤退を一貫して主張して大統領になっているので、これは苦渋《くじゅう》の命令だった)。

アフガニスタンでも、政府軍や警察に、米軍の兵器と訓練が惜しみなく与えられている。が、近い将来、米国人の顧問たちがそこを立ち去れば、即日に元の無秩序な「乱世」の巷《ちまた》に復するであろうことは、いまから確実視されているのだ。

いったいに、イラク政府軍将兵も、アフガニスタン政府軍将兵も、反政府ゲリラとの戦闘で「ちょっと不利だな」と思うと、すぐに守備地点や重装備や弾薬や需品を放棄し、逃げ出す。それを彼らは少しも躊躇《ちゅうちょ》しない。

そのようなマネが、なぜ平然とおこなわれ得るのだろうか？　答えは、国家や政府や国民に対して自分たちは「防衛の責任」を果たさなければならぬと、将兵のほとんどが、いささかも考えていないから——である。

彼らは、過去に、国家や政府や国民から良くしてもらったという、集団としての記憶を持っていないのだ。国家の防衛に命懸けの働きで力を尽くした結果、自分や自分の子孫や自分の地域コミュニティに、何か長期的に良いことが起きた、という体験や伝承がない。そのような「物語」が、イラクやアフガニスタン国内には、伝統的に、人民のあいだに存在しないのである。

それゆえ、彼らは平気で国家を見捨てる。

「政府の長期存続を信じない」という点では、シナも同じである。だから、幾世代も超えて、技術者が経験とノウハウを蓄積しなければならない最先端のエンジン工学のような分野で、シナ企業は、世界に何の貢献もできないのである。企業や市場の長期存続も、彼らは信じていない。

そのシナ人の中共政府は、儒教圏人が非常に嫉妬《しっと》深いことを利用し、日本人に対する強い嫉妬を誘導し、反日教育や反日宣伝を繰り返すことで、国内の無学な民衆を束ねているところだ。

そして軍隊を「反日」でまとめたら、あとは、「平時にどれだけ迫真の訓練をしているか」「近過去の戦争から学習しているか」が問題になる。

なぜ中共はイラクに学ばないのか

一九九一年（湾岸戦争「沙漠の嵐作戦」）から十数年間、米軍機を中心とするハイテク空軍に国土上空を支配され続け、かなり激しい空爆を幾度も蒙《こうむ》ったのがイラク人たちである。

米軍機の攻撃によって殺されたイラク人は、正確な人数が分からぬほどに多いが、一〇万人以下ということはないようだ。ふつう、一人が死亡した事故の背景には、かろうじて負傷だけで助かった者が五人以上は存在する。

機転を利かせ、あるいは日頃の用心や工夫から、空襲被害を受けずに生き延びることができた人々の数だって、さぞや多いことであろう。

イラクは高度に都市に人口が集中しているうえ、国民の教育水準が中東のなかでも高い。

したがって、将来、米軍機や自衛隊機に空から攻撃される蓋然性《がいぜんせい》がある中共の軍隊や行政府にとり、このイラク人たちにインタビューして、豊富な体験と教訓を聞き出すことには、ものすごく有意義な価値があるはずなのだ。

しかし、中共政府や中共陸軍がこれまで、その収集に努めた痕跡は、皆無である。

これは、シナ人の昔からの文化から説明するしかないかもしれない。彼らは、「劣った者たち」から学習することが、何にせよ、大嫌いなのだ。

シナ人からすればイラクなど第三世界の発展途上国に過ぎないので、その人々から何かを教えてもらうということは、自らの世間的な地位を下落させる行為だと思うようである。そのようにして、シナ人の空虚なプライドが、彼らの集団としての進歩をいつも邪魔し、彼らは強くなれないのだ。

およそ、世界帝国を築くほどの先進強国は、外部世界のあらゆる事象に目を光らせ、分析・研究し、いやしくも有益な知識があれば、すべて学び取る。たとえば一九世紀末から二〇世紀初めにかけての大英帝国の騎兵将校であったロバート・ベーデンパウエルは、長くアフリカ各地に勤務し、未開部族の追跡技術を積極的に吸収して、英陸軍の偵察行動の教範を書き替えさせた（彼はのちに「ボーイ・スカウト」＝少年偵察団も創設した）。

ボーア戦争での体験を通じ、先進国のなかで最初に「特殊部隊」の現代的な価値を認識したのも英国人たちだ。いまでも使われる名詞の「コマンドー」は、南部アフリカ語なのである。米軍の最エリート特殊部隊「ネイヴィ・シールズ」にしても、創設に当たっては、若手将校を英国の特殊空挺部隊「SAS」に派遣して学習させている。源流は、さかのぼれば一〇〇年以上前のアフリカに発するわけである。

中共軍は、自分たちが「トンネル文化」を持っているので、米軍の空襲も、地下壕によって凌《しの》げば良いと楽観しているのかもしれない。

日清戦争でシナ北部へ進入した日本軍が、人家から離れた、何もない広い畑の真ん中から煙が上がっているのを見つけて怪しみ、近寄って調べてみた。するとそこには、村落の女子供と鶏や収穫物などをまとめて匿《かく》しておける、広い地下空間への入り口があった。その内部で煮炊《にた》きまでできるようになっていたのだ。

シナの田舎では、大昔から戦乱のたびに、このような地下空間が徹底的に掘られて活用されてきた。なにしろアジアの軍隊は、他国軍はもとより、自国の政府軍だろうと反乱軍であろうと、何でも通りすがりの地域住民から奪いながら作戦するものと相場が決まっていたので、シナでは住民のほうもすっかり慣れていて、平時から抜かりなく略奪対策を講じているという具合だったのだ。

ソ連と厳しく対立していた一九五〇年代から六〇年代にかけては、中共の各都市部の地下に、住民用核シェルターになるしっかりとしたトンネルが、地中の万里の長城のごとく、延々と掘りめぐらされた。これも、彼らが他所から学んだことではなくて、自ら持っていた伝統の発露に過ぎなかったろう。いまもその頑丈《がんじょう》な地下構造物は各所に残り、倉庫として活用されているという。

一九六〇年代のベトナム戦争中にベトナム人が使ったトンネル戦法も、シナ人が伝授したものだろう。

日本が研究する超高性能爆弾

誰でもいろいろなハイテク新兵器を思いつくことはできる。だがそれを、信頼性の高い実用製品に仕上げて量産し、末端部隊の手に渡すまでには、実験と改修を数かぎりなく反復し、品質を油断なく管理し続けるという長い苦労が必要である。

これは、一般の日本人には特に説明するまでもあるまい。部隊に配備されたあとも、実戦的な訓練と運用研究を重ねていかないと、いざというとき少しも役に立たないものである。

ところが、なにゆえか、嫉妬と虚栄と「事実無視」の世界に生きようとする文化圏の人々は、そうした地味で時間のかかる「テスト」「データ測定と解析・評価」「改善法の段階的模索」といった近代科学主義に則《のっと》った王道プロセスを省略したがる。

その結果、「見かけだけのハイテク軍隊」が短時間でできあがるのだが、もしも、その陣容で先進国軍との実戦に突入してしまった場合に、そこにどんな悲惨な運命が待っているかを、彼らは深刻に考えないのである。

以下しばらく、「ハイテク軍隊」の必需品になっている高性能弾薬について述べよう。これらは地味ではあるがゆえに中共では国産化の難しい類《たぐ》いの武器だ。

二〇一四年八月二九日にわが防衛省は「平成二七年度概算要求」を提出している。公開されたその概要のなかに「大型艦艇及び島嶼《とうしょ》上の脅威に対処する誘導弾用弾頭技術の研究(一五億円)」という項目が含まれている。その後段にある「島嶼上の地上目標等に対し広範囲に高い貫徹力を有する攻撃が可能な地上目標対処用弾頭」とは、添付のイラストから推して、米軍の滑空親子爆弾「CBU－105」の同等品を国産するものらしいと見当がつく。

CBU－105は、航空機(B－1のような大型爆撃機から、F－16よりも小型のジェット攻撃機まで)から投下する、GPS誘導機能付きの四三〇キロ級の「滑空爆弾」だ。

投下されてのち水平距離にして一六キロくらいも滑空し、正確にあらかじめ狙いをつけた座標の上空に至り、そこで一〇個の「子弾」を放出。一個の子弾からは四個の「スキート」と称する、直径一四七ミリの茶筒の蓋《ふた》のようなものがさらに飛散し、パラシュート減速によって、毎秒一七メートルのスピードで沈降を開始する。

この茶筒蓋には、一個一個に、それぞれ下界の一五〇メートル以内に存在する敵車両を自律的に探知し、測距できる複合センサーが備わっている。

メーカーの売り文句だと、スキートを四〇個放出した場合、全体で三〇エーカーの地表を捜索して目標を発見できるという。これは正方形に直せば約三五〇メートル×三五〇メートルの広さに相当する。だが実際には、親爆弾が高速で直線運動をしているため、長辺はそれより長く、短辺はそれより短い捜索範囲に狭まるようである。

敵車両と思われる目標が各スキートの一五〇メートル以内にあれば、スキートは轟爆《ごうばく》し、一・四キロの高性能炸薬の凹面《おうめん》爆発エネルギーによって、高熱の金属（銅合金）塊を鍛造すると同時に、超高速でそれを前へ向けて飛ばす「ＥＦＰ」という特殊弾頭で、目標の戦闘装甲車両の上面を正確に「狙撃」する。

もともとは、動きが遅い車載型の長距離砲や、長距離ロケット発射用トラックなどを、敵が陣地に並べたとたんに一瞬早く破壊してしまうためのシステムだったのだが、ＣＢＵ－１０５は、機動中の戦車や装甲車や舟艇にも投網《とあみ》をかけられるのが自慢だ。

重装甲の戦車であったとしても、全重の制約から天井部の装甲までは分厚くできないものなので、この高熱高速金属塊はやすやすと穿孔《せんこう》・貫入し、車両の内部で、爆発に等しいエネルギーを放散する（装甲厚が十数センチまで貫通可能という。西側の重い戦車でも天板厚はせいぜい数センチ)。

韓国軍は、二〇一四年五月、三六一発のCBU-105を売ってくれと要望し、米政府は六月中にゴーサインを出した模様である。韓国は製品評価用として二二発を先行輸入しており、その試用結果に満足したらしい。納品は、契約が順調に履行《りこう》されるならば、二〇一六年内に終了する。

じつはこの「スキート」を放出する親子爆弾は、米軍が二〇三ミリ榴弾砲《りゅうだんほう》で発射する砲弾として一九六〇年代に構想したものだった。以来、「SADARM」(センス・アンド・デストロイ・アーマー・ミュニション=探知型破甲弾の短縮称)という名でメーカーが延々と開発と改良を続け、それが二〇〇三年のイラク占領作戦頃になってようやく実用的水準に達し、実際にイラク軍車両に対して有効であった(一五五ミリ榴弾砲弾用と、CBU-105)。

CBU-105は、その後、インド軍、韓国軍、サウジアラビア軍、台湾軍にも、運用できる信頼性の高い兵器として売り込まれるようになった。

もちろん中共軍は、これと同格の弾薬を持っていない。また、ロシアやフランスをはじめ、中共に武器を売りそうな他の国にも、この技術はない。

日本は「クラスター爆弾禁止条約」を批准《ひじゅん》している。それによれば、一つの親爆弾から一個四キロ以上の子弾が一〇個未満の数だけ飛び出すなどといったスタイルの集束爆弾しか、保有は許されない。だから、対船艇用や対飛行基地用としても使えるというこの有望なCBU－105を、日本は韓国のようにアメリカから買うわけにはいかないのである。

しかたなく、合法的なその類似品として、三菱電機などが中心となり、これから国産化を進めようとしている。完成すれば、クラスター爆弾禁止条約に加盟しているNATO諸国も買いたいと思うであろうが、なにぶん未経験の分野だから、簡単には仕上がるまい。

「地味なハイテク」に弱い中共

「SADARM／CBU－105」は、どうして米国において完成までにこれほど時間がかかったのか？　それは、システム構成の複雑さを考えれば、納得ができるだろう。シナ人の目には、気が遠くなるような作業に映るだろう。

一九八三年、つまりソ連軍の脅威が非常に強く感じられていた時期に初期型の試作が成功した「SADARM」は、米陸軍の師団砲兵の数的な主力である一五五ミリ榴弾砲によって発射することができ、主に敵の「自走砲」（野砲を車載して軽度に装甲もしたもの。外見が戦車と似ているが、動く標的を直接照準して撃破する役割はない）を、前線から十数キロも後方の位置でやっつけてやろうというコンセプトだった。

一発の一五五ミリ砲弾の尾部から、二個の「スキート」が高度一〇〇〇メートルの空中で引き出され、敵の放列の頭上へパラシュート降下する間に、複合センサーで目標を照準し、上空一五〇メートルから一三〇メートルのところで「ＥＦＰ」を炸裂させるようになっていた。

スキートのセンサーの捜索範囲も、ＥＦＰの「射程」も、一五〇メートルまでである。その半径内にうまく敵の目標が存在していればいいが、遠距離から発射した一五五ミリ砲弾が一〇秒も二〇秒もかかって飛んで行くうちに、高速で機動中の敵車両は、コースをちょっと変えてしまうかもしれない。

その場合は、スキートは射つべき目標がないので、地表から五〇メートルくらいに降下してきたところで自爆する。自爆回路は念を入れて二重にしてあるが、それでもスキートのうち一％は不発のまま地面に転がる。その場合も、起爆のための電池が数分で切れるように設計されているので、戦後に民間人などをまきこむ不発弾炸裂事故などはまず心配しなくていいと、米軍では説明している。

一九八六年になると、口径二二七ミリの長射程の野戦用のロケット砲弾に、やや大型の「スキート」を四個から六個仕込んだタイプも開発された。

しかし、こちらのＳＡＤＡＲＭの試作は、目途がついたのが一九八九年、生産開始は一九九四年で、ソ連はもう消えてしまっていた。

ロケット搭載型は、完成度にも不満があり、一九九三年の実験では、四二個放出された「スキート」のうち九個しか標的を捉えられなかったという。なんとか一三個の「スキート」のうち一一個が当たるまでに改修したものが、一九九五年から徐行的に量産されたというものの、それが二〇〇三年のイラク占領作戦で使用されたという話は聞かない。

想像をするに、大型ロケット弾は射程が榴弾砲より長いため、発射してから目標上空に到達するまでの時間も数十秒に伸び、そのあいだに横風等の影響も蒙《こうむ》るから、スキートが敵車両群を一五〇メートル以内に捕捉できなくなる確率が大なのであろう。

そこで、航空機のパイロットが敵車両群の存在をリアルタイムで視認してから、その真上に投下してやるCBU－105か、もしくは、むしろ射程の短い一五五ミリ榴弾砲用SADARMが、その有効性をイラクで立証できたのだろう。

二〇〇三年の米国によるイラク占領作戦のとき、米陸軍第三歩兵師団が一五五ミリ榴弾砲から一二一発のSADARMを発射し、そのうち一〇八発が有効で、イラク軍車両四八両の撃破が確認できたという。

滑空親子爆弾のCBU－105のほうは、B－52がはじめて、二〇〇三年四月二日にバグダッド郊外で六発を投下し、南下しようとするイラク地上軍の梯団《ていだん》に有効打を浴びせたという。

ＳＡＤＡＲＭのスキートの複合センサーは、当初は赤外線スコープとミリ波レーダーであったが、ＣＢＵ－１０５では、二波長の赤外線スコープとレーザー・レーダーになっている。なお一五五ミリ砲弾用ＳＡＤＡＲＭは、一九九六年まで、空中で二個のスキート同士が衝突してしまうという不具合に悩まされ続けた。

パラシュートにしろセンサー類にしろ自爆回路にしろ、大砲からスピンしながら発射されるときの猛烈な加速度に、まず耐えなければならない。あるいは沙漠の高熱から、高度六〇〇〇メートルの低温にまで耐えられなければならない。どの部品の調子が悪くても、このシステムの戦果はゼロになるであろう。

三〇エーカーという覆域《ふくいき》も、当てずっぽうに投射して命中が期待できるほどには狭くはない。発射または投射する前に、敵車両の未来座標を正確に承知しなければならない。

こうした弾薬が、中共軍にとっては死神となるだろう。地味な研究が苦手な中共企業は、宣伝上はともかく、ＳＡＤＡＲＭの同等品を供給することは不可能だ。

韓国軍がアメリカから、ＳＡＤＡＲＭを大量に調達している理由も、説明しておこう。

韓国軍は、これを使って北朝鮮軍の相手をしようというのではない。軍用の石油ストックを放出してしまった北朝鮮には、いまさら戦車を動かす軽油もありはしないのだ。平壌《ピョンヤン》政権そのものがもうじき崩壊し、中共軍が大量の戦車・装甲車をともなって三八度線まで押し出してくる可能性が高いので、それに備えようというのだ。

その中共陸軍は、「地味なハイテク」に弱い。そして、これからどこを侵略するにしろ、「対空遮蔽術《しゃへいじゅつ》」というものを真剣に考えないといけないだろう。

米軍の偵察技術に対して中共軍は

イエメンなどアラビア半島南西部各地に点在するアルカイダ系ゲリラは、米軍の偵察機の暗視センサーから夜間に自分たちの車両を隠蔽《いんぺい》するためのテクニックを進化させた。たとえば、迷彩塗料ではなく、泥土をクルマの表面に厚く塗りたくることで、車両に特徴的な赤外線（熱線輻射《ふくしゃ》）を遮断してしまう。

また駐車する場所は、できれば住宅敷地内の大木の下にする。やむなく、何もない沙漠に止めるときには、大きな絨毯《じゅうたん》をカモフラージュネットの代わりに支柱で展張《てんちょう》して、その下へ車両をすべりこませる。こうすることで、上空のセンサーの目に対して、車両に特徴的な熱線を遮蔽することができるのである。

リビア政府軍（カダフィ派）も、住民でごったがえす市場のまんなかに対空機関砲の陣地を据え、NATO空軍がピンポイントでその陣地を爆破しようとしても、かならず一般住民に死傷者が出るようにはからっていた。

類似のノウハウを、「イスラム国」も有している。なにしろ、二〇〇三年から二〇〇八年まで米英軍機の空襲を凌《しの》ぎ続けた元イラク軍の正規兵たちだから、経験は十分だ。彼らの決め事は以下のようであるという。

一つ。司令部は一般住宅密集地の真ん中に設定すること。すべての小学校や病院は、イスラム国のためにスペースを提供しなければならない。

一つ。車両で移動するときは、商品を満載した商人、もしくは家族の移動であるように演出すること。

一つ。徹底的に、一般住民と見間違えられるように努めよ。

一つ。武器は見えないように持て。武器を人目から隠せ。

一つ。チェックポイントは恒常設備とせず、屋根に雑品袋をたくさん載せて、民間車のように装った自動車で移動しつつ臨時に開設すること（車両の天井に雑嚢《ざつのう》を載せることは、これから死活的に大事なポイントになるだろう。SADARMを無効化できるかもしれないから）。

一つ。車両も需品もすべて、一般住宅街のなかに散在させること。

一つ。塹壕《ざんごう》はビルの谷間の地面に掘り、その塹壕に土色のシートをかけること。

一つ。無線の利用には気をつけろ。必ず敵に聴かれている。

……以上の対空サバイバル術のノウハウは、イスラム・テロリストのウェブサイトに公開されているというから、中共軍も吸収できるであろう。

ただし米軍の「偵察ソフト」も進化しており、民間人のようでいて、じつは民間人ではない者が乗っている車両のパターンを解析できるようになっているともいう。

ソ連の戦車を粉砕した徹甲弾

地味な弾薬の次は、戦車の技術の話をしよう。

共産主義のソ連邦体制は一九二〇年頃に立ち上がった。そして一九九一年の崩壊まで約七〇年間存続した。しかし、もし「三九リッター液冷四サイクル六〇度V型一二気筒」というスペックの、型番「V－2」という戦車用ディーゼル・エンジンが一九三八年に完成していなかったなら、おそらくソ連は一九四〇年にナチス・ドイツによって滅ぼされていた可能性が大である。

このエンジンの既往《きおう》については兵頭の旧著『もはやSFではない無人機とロボット兵器』（並木書房）の第三章で詳説してある。

ロシアではその前、航空機や軽戦車用のエンジンとして、ドイツ製の「BMW6」型ガソリン・エンジン（四六リッター液冷六〇度V型一二気筒）を国産していたのであったが、スターリンが、それをほぼそのままの寸法でディーゼル化しろと命じた。ハリコフ機関車工場は、それを八年がかりで実現した。

なんとそれから延々と一九八〇年代まで、ソ連軍は基本的にこの「V－2」系列のディーゼル・エンジンだけで、歴代の主力戦車を走らせ続ける。

航空機と同様、エンジンの良し悪しは戦車のパフォーマンスを決定的に左右する。コンパクトで大馬力で低燃費、故障しにくく手入れのしやすいエンジンを戦車に載せることができるならば、重い大砲、厚い装甲、高い機動性を、一台の戦車のなかに詰め合わせることが苦もなく可能になるからだ。攻・防ともに、ライバル戦車を蹴《け》散《ち》らせるだろう。

大成功作の「V－2」エンジンを最初に搭載した「BT－7M」軽戦車は、ノモンハン事件の後半から実戦場に投入されて日本軍を苦しめた。ついで、同じエンジンを載せた中型の「T－34」という主力戦車が完成。これがドイツ軍の猛攻をモスクワ前面で阻止してくれただけでなく、逆にベルリンまで攻め入って、ヒトラーを自殺に追い込んだ（ナチス政権は航空機用のガソリン補給を特別に重視する政策として、軍用車にディーゼル・エンジンを採用させなかった）。

一九五〇年、朝鮮戦争の劈頭《へきとう》で、三八度線から一挙に南下して釜山橋頭堡《プサンきょうとうほ》を脅かしたのも、ソ連が供与したT－34戦車である。その主砲は、初期の口径七五ミリから八五ミリに増強されていた。エンジンにかなりの余力があるので、何の問題もないのだ。

ソ連時代に設計された「T-62」系戦車

さらに一九七三年の第四次中東戦争で活躍した「T－62」（重さ三八トン。これは第二次世界大戦中のKV重戦車よりも軽かった。そのKVのエンジンもV－2であった）になると、戦車砲の口径は一一五ミリであった（西側標準は一〇五ミリ）。

が、このあたりでさすがに「V－2」系統の基本設計に由来する限界が見えてきた。一九八二年頃に、イスラエル軍戦車がその一〇五ミリ砲から発射した徹甲弾《てっこうだん》（特殊合金で細長い）が、アラブ陣営の主装備であったソ連製T－62戦車の正面装甲を遠くからでも難なく貫徹できることをたびたび立証した。

ある徹甲弾は、正面から、ごく浅い角度でソ連製主力戦車の砲身側面に突き刺さって、その曲面で弾《はじ》かれもせず逸《そ》れもせず、まっすぐ砲身内へ貫入。目標の戦車を内部から破壊していた。運動エネルギーが大きいので、爆薬を内包していなくとも、爆発と見紛《みまが》う火球と金属破片が生じ、密閉空間内の乗員はひとたまりもないのだ。

戦車の性能もエンジンで決まる

このような新世代の徹甲弾から戦車と乗員を防護するためには、旧来の厚さの鋼鈑《こうはん》をいくら張ったところで無駄であることが知れ渡ってしまった。特殊合金の徹甲弾に耐弾するには、宝石並みの硬度をもつセラミックを鋼鈑でサンドウィッチした分厚い複合装甲が必要なのだ。

それは、当時の素材技術では、戦車の自重をどうしても六〇トン以上にする。ギリギリ無理をさせて、せいぜい七八〇馬力にしかならぬV‐2系統をどのようにいじくったとしても、六〇トンの重量を俊敏に走行させ得る一五〇〇馬力には、とても届かないと予測がでた。

有事には無停止で敵国内へ深々と侵攻してしまうことをドクトリンとしていたソ連軍にとり、主力戦車の火砲が西側戦車よりも口径で優ることは、士気の維持のうえで譲れない要求だった。

かつまた、長距離機動力を犠牲にすることも、問題外。ゆえにソ連軍は、以後は主力戦車の装甲防護力について、著しく妥協するしかなくなってしまう。V－2系統のエンジンを大前提とするならば、西側戦車の一二〇ミリ砲を凌ぐ一二五ミリ砲を搭載するとして、その車重は四二トン未満で是《ぜ》が非《ひ》でもまとめる必要があった。

西ドイツは、いちはやくコンパクトな一五〇〇馬力の液冷ディーゼル・エンジンを完成していた。そのおかげで、分厚い有孔特殊鋼ブロックの表面にソリッドの装甲鈑を張るという独自の重装甲をまとわせた「レオパルト2」戦車を、一九七九年から量産開始していた。一二〇ミリ砲装備で車重が五五トンあったが、加速は軽快で、製造数も多くなるだろうから、ソ連軍の参謀を憂鬱《ゆううつ》にした。

一方、英国は、新世代の徹甲弾をストップできる複合装甲を世界で初めて主力戦車「チャレンジャー」に採用し、一九八三年から西ドイツ駐留部隊に配備した。車重は六〇トン強あるのに、英国のメーカーはギリギリ一二〇〇馬力のディーゼル・エンジンしか用意できなかった。が、戦略的に防御《ぼうぎょ》するための戦車なのだから、動きが鈍重でも構わないと英軍は判断した。搭載砲は一二〇ミリ。

また米国は、小型の一五〇〇馬力ディーゼル・エンジンの国内開発に自信がなく、窮余《きゅうよ》の策としてヘリコプター用ガスタービン・エンジンを戦車用にコンバートし、七〇トン近い

直径120ミリの主砲を発射する米国製の「M-1」戦車

「M－1」戦車を疾走させることにした。おかげで故障率は高くなったが、それを重厚な整備支援体制でカバーできるのが米軍の強みだった。

六〇トン以上の車両を時速七〇キロで走らせるためのトランスミッションも、異次元の極限技術となることはいうまでもない。

ソ連軍は焦《あせ》ったが、技術インフラの劣位はどうしようもない。コンパクトでハイパワーの戦車用エンジンができない限り、もはやどんな設計の妙によっても、NATO軍の戦車の質には対抗不能であった。米国の真似をしてガスタービン・エンジンもつくってはみたものの、調子は悪く、西ドイツ領内を横断する途中でエンコしそうであった。

またソ連軍は、戦車の主砲は無理にも一二五ミリを選択した。弾薬は大きくなり過ぎて、もはや人力装塡《そうてん》が難しいのでロボット装塡とした。それにより乗員も一名減らしたうえ、装甲防護力が全般に薄弱になるのを忍び、無理にも四二トンに全重を抑えて、かろうじて戦略機動力の低下を回避。この「T－72」戦車（V－2系七八〇馬力ディーゼル・エンジン搭載）とその改良型が、末期ソ連の地上軍の中核として量産されたのだ。

中共と西側の戦車の圧倒的実力差

そのT－72を大量に装備したサダム・フセインのイラク陸軍は、一九九一年の「砂漠の嵐作戦」が多国籍軍によって発起されるや、一度もいいところを見せることなく、潰《つい》えた。西側戦車は距離三〇〇〇メートルから、一二〇ミリ砲によって、T－72の正面装甲を正確にやすやすと破壊できた。T－72の射弾は命中精度が低く、西側戦車に命中しても、その正面装甲や側面装甲は破壊できなかった。稀《まれ》な幸運により、近距離で真後ろから砲撃ができた場合にのみ、西側の戦車に被害を与え得た。

値段が安いだけがとりえの中共製の装甲兵員輸送車も、イラクはおびただしく輸入していたが、多国籍軍による空からの攻撃を受けて、クウェートとイラクの道路上に延々と黒焦げの骸《むくろ》を曝《さら》してしまった。

エンジンの非力なロシア製「T-72」系戦車。小さな四角い箱は軽量な補助装甲だ

こうした湾岸戦争のビデオ映像を見た北朝鮮の金日成《キムイルソン》は恐怖にとりつかれ、かなりの期間、あちこちの秘密の地下壕を転々としていたといわれる。

中共軍の最新型を謳《うた》う「国産」戦車は、すべてT－72がベースである。いくら宣伝写真で外見を変えようとしても無駄だ。世界の戦車マニアは、脳内でプラモデルのパーツを剝《は》ぎ取《と》るようにして、戦車の外形写真を見ただけで、骨格フレームを「透視」することができる。

エンジンもトランスミッションも足回りも砲塔リングもT－72ベースであるということは、総合性能で西側戦車に対抗することは最初から無理であることを物語っている。

しかし中共軍にとって、それは、じつはあ

まり大した問題ではない。中共軍の戦車は、「対人民」用だからである。国内で、火炎瓶で武装した民衆を圧倒できれば、それで十分なのだ。

時流に逆らい小銃を小口径化の愚

この中共陸軍は、実戦経験がないために、ひたすら米軍の猿真似をすることで、自分たちが世界の最先端に伍しているように見せかけたがる。しかし、安易で中途半端な模倣癖《もほうへき》で、かえって墓穴を掘っている。

たとえば米陸軍と海兵隊は、アフガニスタンでの経験から、小火器の弾薬を大口径化しようとしているところだ。ベトナム戦争以来の「小口径化」の流れをついに逆転させたわけだ。

しかし中共軍は、小口径化はモダンなトレンドなのだと妄信《もうしん》して、米軍以上に小口径化を進めてしまい、陸軍用の新型自動小銃までその口径で制定してしまった手前、いまさら口径を大きくすることなど不可能になった。弾薬体系は、補給や教育を大混乱させないように、一度変更したなら、軽々しくまた変更するというわけにはいかないのだ。

この結果、遠距離からの狙撃戦になったとき、中共軍歩兵の苦戦は避け難いと考えられる。

このように、何でも米軍の模倣をする中共軍が不思議にも真似し損《そこ》なっているのが、歩兵小隊の重火器である「カールグスタフ八四ミリ無反動砲」だ。

陸上自衛隊は、本体重量が一六キロもある最初期の「M1」型を一九七九年から調達している。当時から、共産圏で主に用いられるRPG（本体五・六キロの竹筒形のロケット弾発射機。中共製のものは弾頭径が八五ミリで射程六〇〇メートル）よりも長射程で、しかも正確だった。

それに対して米陸軍は、本体八・五キロ、全長一・一メートルの「カールグスタフM3」を装備する。この進化がすばらしい。

二〇一四年にできたばかりの最新型の「カールグスタフM4」だと、M3よりもさらに三割も軽くなり、全長は一メートルを切った。

軽量でコンパクトになったにもかかわらず、電子照準器により、M4の砲弾は一〇〇〇メートルまで正確に飛んでくれる。敵の塹壕《ざんごう》の真上で爆発させることもでき、最新型榴弾《りゅうだん》ならば、半径一〇メートルの敵を殺傷する。

コンピュータ付きの照準器は、累積発射弾数も覚えていてくれる。それが一〇〇〇発に近づくと、砲身交換の時期だ。ちなみにM3は一〇〇発射つと砲身寿命が尽きてしまった。

また、カールグスタフのM3型以前は、装弾したままでは歩兵は運搬ができなかったが、

一体なにを模倣したいのか不明であるのも中共軍の一大特徴

新しいM4は、それができる。

このように改良が進むのは、米軍の特殊部隊が二〇年も使っているからだ。最初に採用したのは一九九〇年の米陸軍レンジャー部隊だった。レンジャーであまりにも好評なので、米陸軍の一般歩兵部隊も二〇一二年からカールグスタフを装備するようになった。彼らがスウェーデンのメーカーにいろいろと要求を出してくれるおかげで、改良もはかどるのだ。

カールグスタフの改良型のM2は、一九八四年に登場した（不審なことに日本では、その年から旧M1のライセンス生産を始めて、今日まで改良されていない。そのため米軍とは弾薬も異なる）。

米軍は、いわゆる「バズーカ砲」を一九

七〇年までに廃止し、そのあとずっと、使い捨ての対戦車ロケット・ランチャーを使ってきた。しかし、使い捨て式は、軽量のものだと射程・弾頭重量・正確さが足りず、敵軍のRPGと互角の勝負になってしまう。さりとて重量級にすれば、二発持っていこうとしたときに、新型のカールグスタフよりも重くなり、疲れる。

中共軍は、この「使い捨てロケット・ランチャー」が今後のトレンドだと思って、模倣品を装備しているところだ（RPG生産はとっくにやめている。しかし数的にはまだ主力）。

カールグスタフは、等速で移動中の敵戦車を狙った場合、距離五〇〇メートルまでならほぼ必中。動かない塹壕なら、一キロ先までも狙える。指名された射手にとっては、常に重たい物を持ち歩くのでご苦労な話だけれども、歩兵用の重火器として、重宝このうえない。

カールグスタフは、二人一組で運用され、射手の相棒が弾薬を五発から六発携行する。M4の弾薬一発の重さはパッケージ込みで二・二キロだ（M1の弾薬は三・二キロ）。陸上自衛隊もしくは米軍地上部隊が中共軍と五〇〇メートル以上で対峙《たいじ》したとき、このカールグスタフの出番になるだろう。中共軍はこれに対抗不能である。

ただし事故防止のため、カールグスタフの弾丸は一〇〇メートル飛翔しないうちは信管が活性化しないようになっている。至近距離での戦闘になったら、射手は後退して、間合いを取らねばならない。

米軍をいちばん苦しめたゲリラ

さて現代において、米軍に対し最も善戦をしたのは、アフガニスタン南部からパキスタン北部にかけてを地盤とする反米スンニ派グループであろう。

ただし、その主要な戦術は、後述する「自爆戦術」「IED戦術」「寝返り乱射戦術」である。いずれも、表立っての交戦で使われる戦術ではない。占領軍である米軍（やその仲間の軍）を油断させておいて突如奇襲する、いわゆる「騙《だま》し討ち」だ。

しかしこのようなテロ戦術でも、コンスタントに米兵を殺したり重傷を負わせ続けることで、米軍の士気を低下させ、米国銃後の撤退論を助長させ、米政府の初期占領方針を長期的に変更させることが実際にできている。

「自爆戦術」は、爆薬を身体に巻き付けた志願者を使うものだが、これは際限なく実行できる戦術ではない。さすがに志願者の「人だね」が、やがて尽きてしまうのだ。しかし、路上検問所の警備兵たちのような価値が低い標的ではなく、たとえばアフガニスタン内の秘密基地から無人機で、パキスタン国内のゲリラ幹部の爆殺を指導しているCIA職員といった、排除価値の高い標的を選んで、これを実行することができたときには、効果は甚大《じんだい》である。

「IED戦術」とは、肥料としてごく一般的な硝酸アンモニウムに軽油などの油脂を混合し、大きな麻袋などに詰め、それを深夜に路肩に埋設し、米軍の需品輸送用トラックなどが路上の板を踏めば、工業用雷管に点火して轟爆するようにこしらえた、手製の大型地雷（IED）を使う戦術である。

硝酸アンモニウムは、軍用のTNT炸薬よりは破壊力は数割劣るとはいえ、それでも花火用の黒色火薬よりは遥かに大威力である。トラックならばバラバラにするし、装甲車なら空中へ跳ね上げてしまう。装甲車に乗っていた兵士たちは、爆発時と、車体が再び地面に落下したときに発生する立て続けの強い垂直ショックで、脊椎《せきつい》を酷《ひど》く損傷してしまうのだ。場合によっては、それで四肢が麻痺《まひ》してしまう。

このIEDによって手足を吹き飛ばされたり失明したり寝たきりになった傷痍《しょうい》軍人が、米本国で逐次増えることによって、米国内の厭戦《えんせん》気運がどれほど昂進《こうしん》したか知れない。

「寝返り乱射戦術」とは、アフガニスタン政府軍にまんまと兵士として雇用されたゲリラが、米軍の幹部将校がその基地を視察に訪れたときなどに本性を現し、自動小銃で殺せる限りの米軍関係者を射殺するという「インサイダー・テロ」。めったに発生はしないのだけれども、一回でもこんな事件が起きれば、それからしばらくは、米軍教官たちとアフガニスタン政府軍兵士たちとの信頼関係は、深刻な打撃を蒙らぬわけにはいかないだろう。

中共軍が、これら「有効性」を実証済みな戦術を採用できないのは、もっともである。それは、中共軍のためになる戦術ではなく、中共国内の反政府勢力の役に立つものばかりであろうからだ。

中共政府にとっての恐ろしい教訓

二〇一四年七月に新疆《しんきょう》ウイグル自治区西部で、中共政府の不当な圧政にこらえかねたウイグル人たちが暴動を起こして、三七人の死者が出た。これに対する警察の報復として五九人が「逮捕」ではなく「射殺」されている（同年九月初旬時点）。

一般人の銃器所持が厳しく制限されているウイグルでは、殺人事件も刃物によって起こされる。銃器を使ったテロは一件も報告されてはいない。

刃物によって犯罪を起こしたかもしれない容疑者が含まれているウイグル人のグループを、自動火器と防弾ウェアで高度に武装した中共警察が急襲して取り囲み、問答無用で全員射殺しているというのが真相である。

いくつかの市では早くから、武装警察がパトロール中に、いつでも警告なしに容疑者を射殺してよいことになっていた。これが二一世紀の現在進行形の現実なのだ。やはりシナ人には近代国家をつくるのは無理なのである。

もちろん中共当局は、「容疑者は爆発物も所持していた」と、何の物証も提示し得ぬでっちあげ報道をさせて、それで済ませている。

初等教育が世界一普及していないパキスタン北部からアフガニスタン南部にかけてすら、イラク（比較的に人民の教育レベルが高かった）に負けないくらいＩＥＤが多用されたということは、中共政府にとっては恐ろしい教訓である。

シナの辺境少数民族は、安価な硝酸アンモニウム肥料に油剤を混ぜてＩＥＤをこねあげる方法や、ありふれた化学素材から「カーリット」爆薬を合成する方法を学習するのに、時間はかからないだろう。

工業用雷管が入手できなくても、カーリットをうまく使えば、生火でＩＥＤを轟爆させる起爆剤にできるのだ。このような地雷や時限爆弾が街中で炸裂し始めると、米軍将兵ですら、士気がグラついたのである。

宣伝こそがシナ流の戦争術だ

中共軍が弱いことは、どこであれ先進国軍隊との間で「実戦」が始まれば、即日に証明されてしまうだろう。しかし、低烈度の紛争から抜き差しならぬ「戦争」へとエスカレートする前に「寸止め」すれば、彼らのボロは決して顕《あらわ》れない。あとは宣伝力で、彼らは本当に精強であり、またしても敵に「勝った」ことにしてくれる。そして、気長に「次の勝利」の機会探しが始まる……。

なぜ、彼らは宣伝に強いのだろうか？　それは、彼らシナ人の人生が宣伝そのものだからである。宣伝・即・政治であり、また人生なのだ（どうしてそうなったかの文化人類学的な考察には、別な本が一冊必要だろう）。

約一八〇〇年前に編纂された著名な古典兵法書の『孫子』には、「宣伝」という条目が存在しない。何もあらためて文章化して説教するまでもなく、シナ人ならばみな子供のときから実践していることなので、当然のように省略されたのである。ところがほとんどの外国人は、シナ人にとって「兵」（＝戦争）とは政治宣伝と融合した行為であることを、多彩なシナ古典の行間から読み取ることに失敗する。

この事情は、いまも変わらない。シナ人は他者との競争・闘争の最初のステージから最終段階まで、常続的に「どうやったら宣伝で勝てるか」を意識し続けている。それについてボスたちは、あらためて部下を教育する必要もないし、マニュアルを手渡す必要もない。酔っ払いのゴロツキや、感覚麻痺した成金でもない限り、末端の兵隊だろうと、普通のシナ人ならばいわれずともわきまえていることなのだ。

この事実に無知であるため、外国人はしばしば意表を突かれる。実戦で負けても宣伝で勝てば、戦争という政治には勝ったことになる。彼らシナ人にとっては、政治的勝利は「真実」よりも重要で価値あることなのだ（ゆえに「歴史」について外国人が彼らといくら語り合っても、何の実りももたらされはしない）。

第五章　弱い中共軍が強く見えるカラクリ

中共軍は日米露には必ず負ける

軍事評論には、多数の人々の命がかかり、対策が手遅れになってはいけないと心配されるため、すべてがハッキリしてから物をいえばいいといった余裕は与えられない。結句、各国のあらゆる軍事的判断や軍事評論は、的外《まとはず》れを内包し続ける。

SF作家のH・G・ウェルズは、第一次世界大戦が始まる直前に、ドイツやフランスの参謀総長以下、みな偉そうな外見をしているが「誰も何も知らない」と予言した。それは最も正確に事態をいい当てる論評だった。自国兵が一〇〇万人以上も戦死したあとから、「こうなるのも想定内だった」と主張するプロ軍人などいないだろう。

ちなみにウェルズ自身は、原子爆弾の開発と、それが完成したあとの世界の動きを、第一次世界大戦すらまだ始まっていない時期に、誰よりも正確に予言している。だがその予言は早すぎたので、当たったときにはみな、ウェルズのことなど忘れていた。

日本の官僚も評論家も、ウェルズ並みの想像力などなく、みな米国の役所や「専門家」がいっていることを受け売りするだけが能だから、「中共軍は強い、恐ろしい」という話がアメリカで頻繁に発信されていれば、それがそのまま「事実」だと総括されて、日本国内のメディアで何の疑問も挟《はさ》まれずに無責任に広報されることになる。

しかし、真相は逆なのだ。中共軍は弱い。

敵がフィリピン軍レベルならば連戦連勝できるし、ベトナム軍レベルなら一勝一分けというところだが、日本軍（自衛隊）や米軍やロシア軍が相手に出てきたら、戦うごとに危うい。要するに中共軍は一・五流の軍隊でしかない。

競馬の予想でメシを喰っているオッサンは、サイズは大きくても筋骨のたるんだ馬や、病み上がりの馬を一目見れば、「こんなもの重賞レースに出せるわけがないだろ」と思う。そのぐらいの確度で、プロならみな、演習の写真や報道を見ただけで、「中共軍は実戦になれば瞬殺されるな……」と見当がついている。

ならば、なぜ米国の政府高官や専門家は、その真相を語って国民を安心させないのか？

大きな理由は、カネと「真珠湾」と大衆イメージである。

「中共軍は弱い」といえない事情

カネからまず説明しよう。

米国の軍事予算は、米国以外の全世界の軍事予算を合計したよりもなお巨額だ。その大金は、ミサイルの開発や燃料の調達や将兵の給料にばかり化けているわけではない。軍部内の情勢分析セクションの事業予算や、名門私立大学の戦略研究所や民間の政策研究所（シンクタンク）に対する委託研究費という形でも毎年、まとまった金額が支出されている。

　そこからの発表が世間的にも刺激的であったならば（たとえば「中共軍の脅威は間もなくとんでもなく大変になるぞ。グアム島の米空軍基地などは弾道弾で破壊されてしまう」とか）、今度はそれをマスメディアが軍事ネタとして取り上げる。すると、独立の論筆家でときたま軍事にも口を挟むといったアマチュア・レベルの個人までもが、出演料や講演料や原稿料にありつけるチャンスが増えるのだ。

　もし、「グアム島の飛行場は中共軍の弾道弾で破壊されるそうだから、グアム島よりももっと遠くからシナ本土を空襲できる、新しい長距離ステルス爆撃機を開発するべきだ」と評論家が口を揃えたら、本当に連邦議会が次年度の米空軍に新鋭爆撃機の研究や開発のための新規予算を認めてくれるかもしれない。

　頂点は世界最大の軍需メーカーのロッキード・マーティン社の経営幹部たちから、末端は無名の評論家に至るまで、みな年収が増えると期待できる。軍隊内のポストも増やしていいという口実ができる。

　しかし逆に、「中共軍はぜんぜん弱い」という真相が、米国の全納税者に理解されてしまったら、こんなビッグ・ビジネスのパイがしぼんで消えてしまう。関係者の誰も幸せにならないわけだ。

「真珠湾の教訓を忘れる愚か者」

だが、待ってほしい。本当は弱い中共軍を、強い強いといいふらすことは、公人が公的な嘘をつくという、近代社会人としての道義的破倫にあたるのではないか？

ご安心。そこをうまく正当化し得るところが、軍事予測の常に都合の良い妙味《みょうみ》なのだ。多くの成熟した先進国にとって、軍備というのは、「平和にかける保険」のようなもの。だから、自国や同盟国が軍備を充実させたために潜在敵国が地域侵略の企図を断念し、平和が保たれた——という説明が成り立つ限りは、結果オーライである。万事ＯＫとされる。支出した莫大《ばくだい》な軍事費も、無駄になったとはみなされないのである。

これを無駄であると反論する者に対しては、「真珠湾の教訓を忘れる愚か者」とレッテル貼りをすれば済んでしまう。

一九四一年一二月に日本海軍は、ハワイのオアフ島の真珠湾軍港を空母で奇襲し、開戦初日に米海軍艦艇に多大の損害を与えた。

当時、米政府は、日本軍がそろそろどこかを奇襲して対米開戦するだろうということは読めていた。日本海軍の幹部たちは、もう何十年も前から「真珠湾を空襲せねば」と公言していたので、日本人にそうした欲求があることも、国際的には既知の情報であった。既に欧州では一九三九年から第二次世界大戦が始まっており、米政府も隙《すき》のない「戦時内閣」の顔ぶれに切り替わっていた。

にもかかわらず、彼らは揃って日本海軍の作戦能力をみくびっており、「本格的な空襲を試みるとしても、せいぜいがウェーク島（ハワイよりも三七〇〇キロほど日本に近い）くらいまでであろう」としか思わなかったのだ。

結果から見れば、真珠湾で大型軍艦を沈められても、水深が浅かったから、火薬庫が大爆発した一隻を除いては、引き揚げてまた修理して使うことも可能であった。だから米国にとって、取り返しのつかない読み違いではなかったのである。

が、これがもし核兵器のような秘密裡に開発された広域破壊兵器による、米本土の大都市に向けた先制奇襲攻撃であったならばどうなっていたか？　――と、戦後になって、米国のパワー・エリートは肝《きも》を冷やした。浅い港湾内で沈められた軍艦とは違い、瞬時に奪われてしまった何万もの自国市民の人命は、もう取り返しようもないであろう。

このような過去の戦訓から、戦後のアメリカの情勢分析や政策提言の業界では、潜在敵国の能力について「下算」をする（低く見積もり過ぎる）ことは、「真珠湾」の前例があるので、決してしないでおこう、と、お互いに戒《いまし》めるようになった次第だ。

米国発信の過大評価情報に日本は

「中共軍など弱い」というプロの見積もりは真実かもしれない。が、それが「下算」である恐れも、決してゼロではない。ある日、突然に、敵は新型の戦略核システムを発明するかもしれない（実際、一九九八年のパキスタンの原爆完成を、米情報機関は実験の直前までつかめずに高枕《たかまくら》であった）。あるいはそれはもう既にあって、匿《かく》されているのかもしれない。

とすれば、米国の安全保障政策のうえでは、あくまで「中共軍は強そうだ」とか「間もなく強くなりそうだ」と、安全係数を掛けてヤバめに見積もっておいたほうが、将来、奇襲をくらって後悔するようなまずい運命を回避できるから、姿勢として合理的だ。それは米国の利益になるわけだから、嘘は嘘でも実害のない嘘だ、と了解されているのである。

米国人たちは、これら一切を内心で了解しているから、良いのだ（日本向けの嘘情報を量産し、日本政府が軍事費を増額したのは自分たちの宣伝のおかげだと手柄《てがら》を誇ることで、米国内での地位向上を狙わんとする、プロパガンダ専門のような軍学校職員も、その合意によって免責されている）。

ところが、そこをまったく了解していないわが国の素人言論人は、米国から直輸入の諸情報をロクに吟味《ぎんみ》もしないで（吟味する力量がなく）右から左へと垂《た》れ流し、ありもしない力関係を実在のもののように、妙に格好をつけて説いてしまう。

当然ながら、中共軍にとっては、米国の名のある研究機関や軍の高官たちが、中共軍の実力について過大評価してくれることは大歓迎だ。なぜなら、その嘘によって隣国に対する「脅し」の効き目が倍増するし、シナ人民からも軍隊や政府が尊敬してもらえるようになるからだ。

軍事の批判眼を持たない日本人は、この米国人が発信する過大評価情報のオンパレードと、それに便乗したシナ人発の空威張《からいば》り宣伝をどちらも真に受け、実際の力関係とはあべこべの説明を頭から信じているのである。

米国人が抱いたシナ幻想の効き目

「大衆イメージ」の懸念も大きい。

米国は、もともと英国やフランスやスペインの植民地だったところだが、英国系の植民地人が、それらのヨーロッパ大国と幾度か死闘を繰り広げて独立し、領土を拡張してきた。だから、歴史のいきがかり上、ヨーロッパの勢力を南北アメリカ大陸から追い出してしまうための戦争ならば、連邦議会は肯定するし、有権者も支持してくれる。

しかし、一九世紀にハワイとフィリピンを領有した頃から、彼らは、海外にある土地を征服することには興味をなくした。それよりむしろ、工業化の遅れた人口の多いアジア地域とのあいだで儲けの多い交易を増やすことに、国家目標をシフトさせた。

多くの米国人事業家が、はるばるシナと交易したことによって、富豪の地位を確実にした。一流私立大学に子弟を通わせることもできた。その家系から、米国を代表する政治家になる者が輩出している（たとえばローズヴェルト家は二人の大統領を出した）。

欧州の植民地大国や、アジアの急成長国たる日本は、後進地域に属する海外市場について、米国商人に「自由参入」のチャンスを進呈するのは損なことであると思った。それで、さまざまに米国の投資ビジネスや輸出ビジネスを邪魔した。

が、二度の世界大戦の結果、英国最大の排他的市場であった植民地インドは独立させられ、シナ市場を独占しようとした日本は、そこへのアクセスを遮断された。

いよいよ米国が、世界中を、好みの自由市場に変えてしまうのかと思われた。

ところが米国がずっと後援してきた蔣介石ひきいる「中国国民党」軍が、ソ連が後援する「中国共産党」軍に内戦で敗北し、一九四九年に台湾へ逃亡してしまった。

これで米国は、日本と一九二〇年代から対立してきた理由であった「シナ市場へのアクセス権」を失うことになってしまう。それればかりか、一九五〇年から始まった朝鮮戦争を、「日本の工業力をソ連に取られる危機」だと認識した米国は、魅力のない韓国を防衛するために反撃せねばならず、朝鮮半島で中共軍と、足かけ二年以上も死闘することになった。

米国は、建国以来、ヨーロッパ軍とは何度も激闘を重ねたものであるが、シナ軍と衝突したことは一回しかなく（一八九九〜一九〇〇年の北清事変）、米国大衆はその件については都合よく忘れていた（よく覚えている最後の世代の代表はフーバー大統領）。

ヨーロッパ勢や日本と比べ、シナ領土を餌食《えじき》化する競争に出遅れてしまった米国は、日露戦争後から第一次世界大戦後にかけて「門戸開放・機会均等」「シナの政治的地図を変更しようとするな（日本は北支切り取り工作のような間接侵略をするな）」といった奇麗事《きれいごと》を標榜《ひょうぼう》しながら、ヨーロッパ勢や日本の対支政策を牽制しようとかかった。

これは、シナ人愛国者から見ればありがたい介入である。シナ人は、政治的な損得計算から、精一杯、米国へのラブコールを送った。アジアに無知な東部の米国庶民は、このラブコールにすっかり機嫌を良くしたのである。

「これは宣教の大チャンス！」と勘違いした米国の諸地方の宣教師たちが、大挙してシナへ渡り、現地の愛国者たちから心ひそかに顰蹙《ひんしゅく》を買っていたことにも、彼らは鈍感だった。

そのうえで米国人は、「自分たちは過去にシナ本土を征服しようとしたことはない。むしろ清華大学などの教育インフラを与えてやっているのだから、シナ人民からは大いに愛され、感謝されるのも当然」とすっかり思い込んでいた。

米国を「帝国主義者」と悪罵《あくば》する中共との、朝鮮での本格戦争という現実は、それまで、ありもしないシナ幻想と、心地良すぎる自己イメージに陶酔していた米国大衆を、急に不快な気分に突き落とした。

「米国を愛していたチャイナの四億人の心を、米国から離れさせてしまった馬鹿な政治家はどこの誰だ?」という犯人探しが、米国大衆の脳内では始まった。無知な大衆の矛先《ほこさき》が突然、自分に向けられることを、アジアの現実をよく知っている米国政治家たちは恐れた。政治家たちは、朝鮮で激戦中のプロ軍人が、「中共領内（東北部）の敵基地を空爆したい」と求めても、賛同の意を表しようがなくなった。

米国がちょうど、長崎型原爆のサイズを小型化した「戦術核兵器」を一九五三年から量産できそうであったこともまた、朝鮮半島での陸戦を、中途半端なものにした。

というのも、米国指導者層は頭の片隅では、「もうじき戦術核兵器が量産に入るのか。それを投下すれば中共軍はいたたまれなくなってしまうはずだ。だったら朝鮮半島の米陸軍を、いま無理に攻撃前進させる必要もないだろう。しばらく三八度線で陣地を防御させておけばいい。それよりも米兵の犠牲を最小限にすることを優先すべきだ」と打算した。

また同時に、「原爆でシナ兵をたくさん殺すと、それ以降、米国人はシナ人からずっと深く恨まれ続けるだろう。それは米国のイメージを悪くする。米国有権者は民主党の現政権を、悪いことをやらかした無能な政権として記憶するだろう」とも心配した。

ベトナムでも金縛りに遭った米国

この米国人たちの心理とジレンマを、中共指導部は正確に見抜いていた。北京は、一九五三年のスターリンの急死を機に「休戦」に応じる意向を示した。これによって、ますます米軍は「陸上での本気の攻勢」も「原爆投下」もできなくなり、漫然と三八度線にへばりつくだけになってしまった。金縛りである。

とうとう朝鮮戦争は、米国の若者が四万人も戦死していながら、北朝鮮の共産政府を滅ぼすことすらできないで、米本国の有権者にはいかにも不満足な結末で終幕した。

米国のパワー・エリートにとっての、この面白くもない体験は、また次のベトナム戦争でも、米国の戦争能力の手足をきつく縛った。

南ベトナム政府を支援するため同国に多数送り込まれた米地上軍が、そこから北上して北ベトナム全土を制圧することは簡単だった。が、それをやった場合、また中共軍が南下してきて、朝鮮戦争の二の舞となる恐れが大であった。

戦術核兵器は、ベトナムのジャングルでは決定的に有効とはいえないであろう。核兵器抜きでシナ兵を殺しまくることはできる。一九六〇年代以降の米軍にとっては、朝鮮戦争当時よりもそれは簡単な仕事だった。が、それもまた、米国のイメージを、内外ともに甚だしく損ねるにちがいない。喜ぶのはソ連だけであったろう。

米国大衆は、この時点でも「チャイナ幻想」から目覚めておらず、シナ人と米国人はいつでも平和友好関係を構築できるはずだと根拠もなく想像し、シナ人からはできるだけ嫌われたくないと願っていたのだ。米政権としては、わざわざ大衆の不人気を求めるような道は、選びにくいのであった。

というわけで、ベトナムでも米国はシナ人の前に「金縛り」に遭い、六万人の米兵の命を犠牲にしながら、一九七五年に南ベトナム政府は、中共軍から後援された共産主義の北ベトナム政府によって滅ぼされてしまう。

「第一次米支戦争」とは何か

朝鮮戦争はまぎれもなく「第一次米支戦争」であった（「北朝鮮軍」なるものは、米軍の仁《イン》川《チョン》上陸作戦直後に雲散霧消してしまった。米軍は残りの二年は実質、中共軍とだけ、半島で戦闘し続けたのである）。

そして、ベトナム戦争を「第二次米支戦争」にするのは避けなくては、と考えた米国の政治家たちの思惑が、ベトナム戦争を、その前の朝鮮戦争以上に憂鬱《ゆううつ》なエポックとして、米国の若い世代に記憶させた。

中共政府は、平時からの巧みな心理宣伝で、米国人のなかにあるこのトラウマの記憶を呼び覚ましてやることにより、米国政府の対支政策を、いかようにも緩和させられると信じているのである。

実際、いまのシナ本土は「匪賊《ひぞく》の聖域」である。

米国官庁や企業を攻撃したサイバー犯罪者や、米国製の武器を不法に密輸出した容疑者を、中共政府は米国官憲に決して引き渡さない。

つまり中共という体制と犯罪者とは一体である。

それでありながら米国政府は、シナに経済制裁を打ち出せない。米国が経済制裁もできないという国に、いったいどの国が進んで強硬に対決しようとするのか。

事実は次の通りである。

陸海空どの分野をとっても、自衛隊は中共軍より良いコンディションにある。海上保安庁も、「海警」より良いコンディションにある。

しかし、日本はシナの侵略を阻止するための戦争ができない。外務省がこうした軍事バランスを認識できず、「領域警備法」などの整備を妨害し、事実上、中共の工作員と化してしまっているからだ。

プーチンのウクライナ戦争の狙い

喧嘩《けんか》慣れしている人間は喧嘩に強い。修羅場《しゅらば》をたくさんくぐってきた者なら、たいていの状況に遭っても動転などしない。いかに猛訓練を受けた優秀な新兵でも、実戦に慣れないうちは、つまらぬ不注意から戦死してしまう（古兵ほど戦死はしないで生き延びる）。

プロイセンの軍事理論家のクラウゼヴィッツは、こういう戦争の真実を「摩擦」という言葉を使って説明した。軍隊という大組織は、しばらく実戦をしないでいると、潤滑油が切れた機械のように全体の動きがぎこちなくなり、急に戦争しろと命令されても、とっさには実行できなくなる——と警告したのだ。

余談だが、ロシアのプーチン大統領が、二〇一四年から急にウクライナ方面で「小戦争」を推進する政策に舵《かじ》を切ったのは、長いあいだコーカサス地方での対テロ作戦ぐらいしか「実戦」を経験していないロシア軍の中核部隊に、もっと「潤滑油の回った」コンディションを与えたかったからなのかもしれない。

中共軍と海警は、しょっちゅうフィリピンやベトナムなどに対する「弱い者いじめ」を繰り返しているから、小戦争に関しては「摩擦」は除去されている状態である。

これがまた、中共軍と海警に実力不相応な「迫力」を与え、おとなしい周辺国の庶民や無知な言論人たちをして、中共を不必要に恐れさせることになる。それは周辺国政府の政策をも、腰の引けた卑怯《ひきょう》なものにしがちであろう。

年老いた剣豪の覚悟で

日本は年老いた剣豪である。

対米戦争中のような若々しい競争心は、集団としてなくしている。だが、体力の余った若い剣士が功名心に駆られて日本を挑発してくる。

限られた体力で、それにどう対処すればいいのか？

昔の剣豪は晩年にこう覚悟したという。こちらの戦術などは、いまさら考えない。だが、相手が戦争したいというのなら、相手がしたいような攻撃をさせよう。それに応じて勝つ一手あるのみである、と。

中共軍は戦えば弱い。いまの日本政府に必要なのは、この、昔の老剣士の「何でも来い」という姿勢だけである。

逃げようとすれば、彼らの反近代的なルールが勝利を収めるだろう。逃げずに受けて立てば、それだけで中共体制は亡《ほろ》び、アジアと全世界は古代的専制の恐怖から解放されよう。

兵頭二十八

1960年、長野県に生まれる。軍学者、著述家。1982年、陸上自衛隊東部方面隊に任期制・2等陸士で入隊。北部方面隊第2師団第2戦車連隊本部管理中隊に配属。1984年、1任期満了除隊。除隊時の階級は陸士長。同年、神奈川大学外国語学部英語英文科に入学。在学中に江藤淳氏(当時、東京工業大学教授)の知遇を得る。1988年、同大学卒業後、東京工業大学大学院理工学研究科社会工学専攻博士前期課程に入学。1990年、同大学大学院修了、修士(工学)。その後、月刊「戦車マガジン」編集部などを経て、社会と軍事の関わりを深く探求しつつ、旧日本軍兵器の性能の再検討など、独自の切り口から軍事評論を行う。
著書には、『有坂銃 日露戦争の本当の勝因』(光人社)、『軍学考』(中公叢書)、『日本人が知らない軍事学の常識』(草思社)、『パールハーバーの真実 技術戦争としての日米海戦』(PHP研究所)などがある。

講談社＋α新書《プラスアルファ》 686-1 C

こんなに弱《よわ》い中国《ちゅうごく》人《じん》民《みん》解《かい》放《ほう》軍《ぐん》

兵頭《ひょうどう》二《に》十《そ》八《はち》

2015年3月23日第1刷発行
2015年6月 3 日第7刷発行

発行者―――― 鈴木 哲

発行所―――― 株式会社 講談社
東京都文京区音羽2-12-21 〒112-8001
電話 出版(03)5395-3532
販売(03)5395-4415
業務(03)5395-3615

カバー写真―――― 共同通信イメージズ

デザイン―――― 鈴木成一デザイン室

カバー印刷―――― 共同印刷株式会社

印刷―――― 慶昌堂印刷株式会社

製本―――― 株式会社若林製本工場

Printed in Japan
ISBN978-4-06-272888-1